RECHERCHES EXPÉRIMENTALES

SUR

L'EXCITABILITÉ ÉLECTRIQUE

DES

CIRCONVOLUTIONS CÉRÉBRALES

ET SUR LA

PÉRIODE D'EXCITATION LATENTE DU CERVEAU

AUTRES TRAVAUX DU MÊME AUTEUR

Note sur un cerveau d'amputé, au point de vue des localisations cérébrales. *Société anatomique.* Juin 1879.

Note sur les atrophies cérébrales chez les amputés. *Congrès de Montpellier (Ass. Française pour l'avancement des Sciences),* 1880, p. 883.

Les localisations cérébrales. *Revue des Deux-Mondes,* 15 octobre 1880.

La métallothérapie. *Revue scientifique,* 1881 (18 juin).

Un cerveau d'assassin. *Revue scientifique,* 6 janvier 1883.

Note sur l'influence exercée par les principaux sels de l'eau de mer sur le développement des animaux d'eau douce. *Comptes rendus de l'Académie des Sciences* (2 juillet 1883).

Recherches expérimentales sur l'influence exercée par certains milieux sur le développement d'animaux d'eau douce. *Mémoire lu au Congrès de Rouen (Ass. Française pour l'avancement des Sciences,* 1883).

TRADUCTIONS

Les fonctions du cerveau, par le Dr FERRIER. Paris, F. Alcan, 1 vol. in-8, 1879.

De la localisation des maladies cérébrales, par le Dr FERRIER. Paris, F. Alcan, 1 vol. in-8. 1880.

Évolution mentale des animaux, par G.-J. ROMANES, et : Essai posthume sur l'instinct, par C. DARWIN, 1 vol. in-8. Paris, Reinwald, 1884.

RECHERCHES EXPÉRIMENTALES

SUR

L'EXCITABILITÉ ÉLECTRIQUE

DES

CIRCONVOLUTIONS CÉRÉBRALES

ET SUR LA

PÉRIODE D'EXCITATION LATENTE DU CERVEAU

PAR

Le Dr Henry C. DE VARIGNY

PARIS

ANCIENNE LIBRAIRIE GERMER–BAILLIÈRE ET Cie

FÉLIX ALCAN, ÉDITEUR

108, boulevard Saint-Germain, 108.

1884

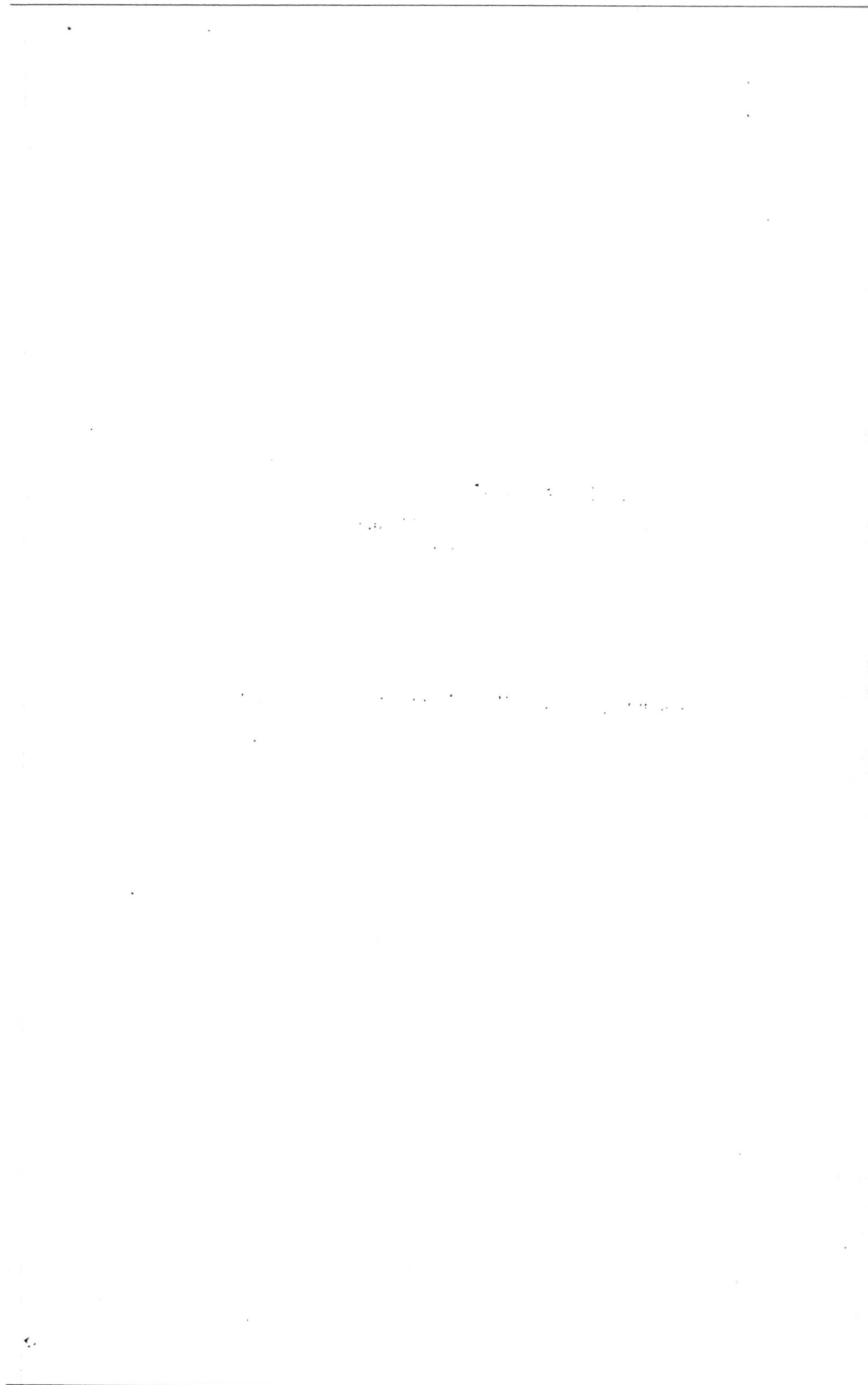

RECHERCHES EXPÉRIMENTALES

SUR

L'EXCITABILITÉ ÉLECTRIQUE

DES

CIRCONVOLUTIONS CÉRÉBRALES

ET SUR LA

PÉRIODE D'EXCITATION LATENTE DU CERVEAU

AVANT-PROPOS.

Il ne sera question dans ce travail que de l'excitabilité électrique du cerveau du chien, et plus particulièrement de l'excitabilité d'une région très limitée de cet organe.

C'est volontairement que j'ai laissé de côté toute la question clinique, et aussi toute une partie expérimentale. Je m'en suis tenu à l'étude des variations de l'excitabilité électrique, dues à l'un des agents capables de provoquer ces variations, et à l'étude de la période d'excitation latente, recherchant encore, à propos de cette dernière, quels en sont les caractères, dans quelle mesure elle peut varier, et sous quelles influences.

A vrai dire ce travail avait pour but primitivement de chercher à résoudre la question si débattue de l'excitabilité de la substance grise. Mais dès le début, il nous a semblé qu'avant d'aborder cette question il y en avait beaucoup d'autres — d'ordre secondaire il est vrai — dont la solution n'était pas encore atteinte définitivement. Aussi, tout en étudiant quelques questions jusqu'ici peu élucidées, avons-nous dû répéter certaines expériences déjà faites, dans le seul but de les vérifier. Il résulte encore de là que nous serons très réservé sur les questions de théorie, et que les faits attireront surtout notre attention.

Il existe assez de théories sans faits pour qu'il soit permis — par compensation — de donner quelques faits, avec le moins de théorie possible.

26 mars 1884.

CHAPITRE PREMIER.

HISTORIQUE. — BIBLIOGRAPHIE.

Jusqu'à une époque encore récente, les physiologistes niaient l'excitabilité du cerveau, surtout de la couche superficielle de cet organe. Ils niaient avec raison l'excitabilité mécanique : sans remonter jusqu'aux pères de la médecine, à Hippocrate et Galien, nous trouvons dans des œuvres plus récentes, mais datant déjà d'assez loin, des preuves évidentes de la constatation de l'inexcitabilité mécanique du cerveau. Tour à tour Haller, Magendie, Flourens et les physiologistes de nos jours ont vérifié ces assertions.

Pareillement, l'excitabilité électrique a été niée jusqu'en 1870. Aujourd'hui, si on ne la nie plus, si on admet qu'en électrisant les circonvolutions cérébrales en certains points déterminés — non pas tous, tant s'en faut — on obtient des réactions motrices, ou des réactions semblant indiquer des perceptions sensitives, on dispute sur une autre question. Tandis que les uns admettent l'action des courants électriques sur la substance grise, d'autres pensent qu'en électrisant le cerveau, on agit sur la substance blanche. Ces derniers ont à l'appui de leur opinion un fait bien constaté et certain, savoir que *la substance blanche est excitable*. Les preuves que les partisans de la première théorie peuvent citer sont beaucoup moins convaincantes étant toutes indirectes.

Il n'y a que peu d'années que la question de l'excitabilité
directe de la substance grise est mise en doute. Lorsqu'en
1870, les premières bases de la théorie des localisations
cérébrales furent posées, il allait de soi pour les premiers
expérimentateurs que la substance grise était excitable
et que le fait de son excitabilité avait été jusque-là méconnu.
Mais quelques années après, ceux mêmes qui adoptaient le
plus volontiers la théorie des localisations, éprouvèrent
le besoin de soumettre la question à un contrôle sévère ;
de là des travaux fort intéressants, mais dont les conclusions sont très différentes.

Nous ne voulons pas prendre parti ici pour l'une ou
l'autre théorie, n'ayant pas cherché à confirmer l'une ou
l'autre par des expériences nouvelles. Nous avons plutôt
cherché des faits et tout en tirant de ces faits certaines
conclusions, nous préférons laisser de côté les théories
plus générales.

Ceci dit, examinons rapidement quels sont les faits qui
ont été successivement découverts, relativement à la question qui nous occupe.

En 1870, deux expérimentateurs allemands, *G. Fritsche*
et *Hitzig* (1), annonçaient avec expériences à l'appui que
le cerveau est excitable par l'électricité, chose absolument
contraire aux idées reçues jusque-là. Ils montrèrent que
la partie convexe des hémisphères est excitable, c'est-à-
dire que, si l'on applique les électrodes d'un courant
galvanique sur la surface cérébrale, on observe des
mouvements dans diverses parties du côté opposé du
corps.

Ces mouvements varient selon la zone excitée : en

(1) Archives de Reichert et Dubois-Reymond. Ueber die Electrische Erregbarkeit des Grosshirns, p. 300-332, 1876.

tâtonnant on reconnnaît l'existence de zones assez nettement séparées, présidant chacune à un mouvement d'une
partie différente du corps.

« Expérience faite, les auteurs allemands énoncèrent
trois propositions fondamentales qui renferment ce qu'il y
a d'essentiel dans leur théorie. La première, c'est qu'il y a
dans le cerveau des circonvolutions qui peuvent être excitées par l'électricité,[et que cette excitation est suivie de la
production de mouvements déterminés selon le point qui
est excité; d'autres parties peuvent être excitées sans qu'il
se produise de mouvements. La seconde, c'est que les points
où l'on détermine la mise en action de tel ou tel groupe
musculaire sont fort limités et occupent une petite portion de la surface cérébrale; la dernière enfin c'est qu'en
extirpant la région de la surface cérébrale qui a été reconnue pour être le centre de tels mouvements définis, l'on
provoque la paralysie de ces mêmes mouvements. »

En somme on constata qu'il y a dans le cerveau une
partie périphérique paraissant préposée à la production
de mouvements, c'est-à-dire une région motrice, et une
autre où l'excitation ne provoque aucune manifestation
extérieure, une région non motrice. En outre, la région
motrice peut se subdiviser en un certain nombre de petits
territoires, circonscrits d'une manière assez exacte, à peu
de millimètres près; chacun de ces territoires, préside à
la mise en mouvement d'un groupe musculaire déterminé,
et de ce groupe seul.

Le travail de Fritsch et Hitzig fut le point de départ
de beaucoup d'autres travaux, dans lesquels la question
fut étudiée sous toutes ses faces, les expériences répétées
sur des animaux de diverses espèces, et l'explication des
phénomènes observés, donnée de façons très différentes.

Fritsch et Hitzig ayant constaté le fait, d'autres voulurent le vérifier, d'autres enfin, l'expliquer.

Hitzig (1) a continué, seul, les recherches commencées avec Fritsche, mais presque exclusivement à un point de vue qui ne nous intéresse guère. En effet, il s'occupe surtout de rechercher le siège exact des différents centres moteurs. Pourtant, il signale un point intéressant en montrant l'influence des anesthésiques sur l'excitabilité : il rapporte, en effet, que l'excitabilité peut disparaître en partie sous l'influence du sommeil narcotique, fait constaté depuis lui par beaucoup d'expérimentateurs et sur lequel nous reviendrons en détail.

D. Ferrier a été l'un de ceux qui ont le plus étudié la théorie des localisations cérébrales, sans cependant beaucoup se préoccuper de la question qui nous intéresse. Ses publications de 1873, 1874 (*West Riding Asylum Reports,* 1873 ; *Proceedings of the Royal Society*, 1874, 1875) ont été résumées dans deux volumes, dont un seul sera cité ici : c'est le *Functions of the Brain* (2) (1876). Ses expériences ont porté sur des singes, chiens, chats, lapins, rats et cochons d'Inde. Il a reconnu l'exactitude de la majorité des faits annoncés par Fritsch et Hitzig, et en a ajouté de nouveaux : il a notamment annoncé l'existence de *centres sensitifs* dans la région occipitale du cerveau. Cet auteur préfère l'emploi des courants induits à celui des courants de pile. Sans prouver par des expériences personnelles que l'excitation porte sur la substance grise plutôt que sur la substance blanche, il combat, par des arguments bien choisis, l'opinion de certains auteurs qui admettent la

(1) Berliner klinische Wochenschrift, nᵒ 52, 1873, et nᵒ 6, 1874 ; analyse in Rev. des Sc. med , t. III, p. 490.
(2) Traduction française par H. C. de Varigny, 1878. Germer-Baillière.

conduction du courant électrique jusqu'aux noyaux de la base du cerveau et aux pédoncules. Ce ne fut guère qu'après la publication des premières expériences de Ferrier que l'on commença à s'occuper, en France, de la question soulevée par Fritsch et Hitzig. Il se produisit de nombreuses objections à la doctrine, qui, il est vrai, était sujette à caution. Si certains faits avaient été nettement constatés, il faut reconnaître que leur interprétation laissait à désirer.

Peu de temps après les premiers travaux de Ferrier, M. le Dr *Dupuy* (1) formula contre eux un certain nombre d'objections. Ces critiques sont en résumé les suivantes : l'auteur accuse la diffusion des courants qu'il soupçonne d'aller exciter soit la base du cerveau et les nerfs qui en naissent, de même que le bulbe, soit la dure-mère, dont l'excitation, paraîtrait-il, provoque des mouvements; il conteste encore l'excitabilité de la substance grise en se basant sur ce que, chez un animal complètement anesthésié par l'éther, il ne se produit aucune contraction lors de l'excitation, tandis que l'excitation des nerfs provoque un résultat moteur.

En 1874, autre travail, dû à un Américain, M. *Bartholow*, qui, venant de prendre connaissance des théories nouvelles, les veut soumettre à l'épreuve de l'expérimentation, et qui, disposant à ce moment d'un sujet humain lui paraissant devoir donner des résultats intéressants, se met aussitôt à reproduire sur ce sujet les expériences jusque-là faites sur les seuls animaux.

Voici l'observation, avec détails :

(1) Examen de quelques points de la physiologie du cerveau, par E. Dupuy. Paris, 1873.
Notes à la Société de Biologie, 1874, p. 2, et 1875, p. 157.

Epithéliome du cuir chevelu datant de treize mois. — Mise à nu de la dure-mère. — Expériences sur les fonctions des lobes cérébraux postérieurs (1).

Marie Rafferty, âgée de 30 ans, Irlandaise; faible d'intelligence; chauve à la suite d'une brûlure du cuir chevelu; a porté une perruque qui a provoqué la formation d'une petite plaie du cuir. Cette plaie s'est peu à peu agrandie depuis treize mois.

Etat actuel. — Ulcère presque circulaire sur les bords supérieurs et postérieurs des pariétaux. Le crâne s'est résorbé sur un espace d'environ 2 pouces (5 cent.) de diamètre au fond duquel on voit nettement les pulsations du cerveau. Cette femme a été opérée (on ne dit ni quand, ni comment) par un chirurgien qui, au cours de l'opération, a lésé le cerveau en y enfonçant le couteau pour donner passage à du pus ; en outre il y a eu des pertes de substance cérébrale lors de l'ablation de la tumeur. L'état général de la malade n'est pas mauvais ; elle n'a aucune difficulté dans la parole, dans la motilité, ni dans la sensibilité, les pupilles sont normales ; pas de douleur de tête, caractère plutôt gai.

Etant donnés les troubles qu'on a déjà fait subir au cerveau, M. Bartholow pense qu'il peut bien tenter quelques petites expériences sur ce même organe sans grand inconvénient.

Appareil expérimental : Courant galvanique d'une batterie de Siemens et Halske à 60 éléments.

Courant faradique de la batterie de la compagnie galvano-faradique. Aiguilles, isolées, sauf aux deux extrémités.

EXPÉRIENCE I. — On pique la dure-mère et le cerveau pour voir si cette irritation mécanique provoque de la douleur ou des mouvements. Pas de résultat, ni douleur comme le dit la malade, et comme son attitude l'indique du reste ; ni mouvements.

EXPÉRIENCE II. — On pique dans la dure-mère du côté droit deux aiguilles où l'on fait passer le courant faradique. Mouvements des bras et jambe du côté gauche, ainsi que du cou.

Mêmes phénomènes, mais de l'autre côté, lorsqu'on excite la dure-mère du côté gauche.

(1) R. Bartholow. Experimental Investigations into the functions of the human Brain. (The American Journal of medical sciences, avril 1874, pages 305-313.

EXPÉRENCE III. — On introduit une aiguille à travers la dure-mère, dans le cerveau (lobe postérieur gauche), l'autre, reposant sur la dure-mère sans la traverser.

On excite avec le courant faradique : mouvements comme dans la précédente expérience, avec contraction légère de l'orbiculaire les paupières. La malade se plaint d'une sensation très désagréable de *tingling* (fourmillement) dans les deux membres droits ; elle frotte vigoureusement son bras droit de la main gauche.

On opère de même sur l'hémisphère droit : mêmes effets, mais à gauche. Lors de la pénétration de l'aiguille dans le cerveau, la malade se plaint d'une vive douleur dans le cou.

« Pour obtenir des réactions plus nettes, la force du courant fut augmentée..... Lorsque le courant passa dans les aiguilles, sa figure manifesta une grande angoisse, et elle commença à pleurer. Bientôt sa main gauche s'étendit comme pour prendre quelque objet placé devant elle, le bras fut agité de spasmes cloniques ; ses yeux devinrent fixes, les pupilles largement dilatées ; les lèvres bleues ; l'écume vint à la bouche la respiration devint stertoreuse, la malade perdit connaissance, et eut des convulsions violentes du côté gauche. Celles-ci durèrent cinq minutes et furent suivies de coma. Elle revint à elle vingt minutes après, se plaignant d'un peu de faiblesse et de vertige. » (p. 310-311.)

EXPÉRIENCE IV. — La même que la précédente, sauf la dernière partie : mêmes résultats ; mouvements et fourmillements.

EXPÉRIENCE V. — Interrompue dès le début ; malade pâle, se mouvant difficilement ; le bras, l'épaule et le pied droits sont engourdis et présentent des fourmillements ; il y a de la parésie avec rigidité des muscles du côté droit du corps. Il y a des mouvements rhythmiques de contraction et de relâchement des muscles du bras droit ; ces mouvements gagnent l'épaule, le cou et le tout marche en même temps.

Le lendemain, la malade va plus mal encore ; paroles absurdes, incohérentes ; convulsion le soir, de cinq minutes environ, du côté droit. puis syncope ; à son réveil elle se trouve entièrement paralysée et anesthésiée de tout le côté droit. La mort survient bientôt.

Autopsie. — Hémisphères enflammés ; couche épaisse de pus sur tout l'hémisphère gauche.

Les aiguilles ont pénétré, à gauche, dans le lobule pariétal supérieur à la profondeur de *un* pouce (2,5 cent.) ; à droite dans la même circonvolution à la profondeur de *un pouce et demi* (3,7 cent.).

D'après les détails relevés à l'autopsie, il ne semble pas que les expériences puissent avoir causé la mort.

H. Braun a contrôlé les recherches de Hitzig, et, en opérant sur des animaux généralement non endormis, avec
des courants faibles, il a pu confirmer les résultats obtenus
par ses devanciers. Mais, « si l'on enlève de la surface cérébrale la substance grise, qui représente un centre, et si
l'on excite la substance blanche mise à nu, on voit se produire, avec les mêmes courants, les mouvements des mêmes
parties (1). » L'excitation, pour Braun, porte donc non sur
la substance grise, mais sur la substance blanche. Cette
conclusion dépasse évidemment les prémisses du raisonnement.

M. *J. Burdon Sanderson* a publié, en 1874 (2), une courte
note dans laquelle il dit avoir répété les expériences de
Ferrier, et constaté ensuite, comme M. Dupuy, que la
substance blanche, mise à nu par l'ablation de la couche
grise, est excitable. Ce physiologiste a opéré sur des chats,
et a trouvé une concordance parfaite entre le siège des centres tel que Ferrier les a indiqués et tel qu'il l'a lui-même
constaté. Il est un point particulièrement intéressant ;
je traduis textuellement : « Si la partie de la surface
de l'hémisphère (droit) qui renferme les zones actives
susmentionnées (*il vient de parler des centres de la partie
antérieure, de l'oreille, de la lèvre,* etc.) est séparée des
parties profondes par une incision presque horizontale
pratiquée avec un couteau à lame mince, si l'on retire
aussitôt le couteau sans déplacer la partie séparée, et
si l'excitation des régions actives (*celles dont l'excitation
donne un résultat moteur*) est reproduite, le résultat est

---

(1) Beiträge zur Frage über die electrische Erregbarkeit des Grosshirns. Centralblatt f. die med. Wissensch., n° 29, 1874 ; 13 juin, p. 455, t. XII.
(2) Proceedings of the Royal Society of London, vol. XXII, 1874 (1er décembre
1873, — 18 juin 1874), p. 368-370.

le même que lorsqu'on opère sur la surface du cerveau non lésé.

« Si l'on pratique une incision analogue, mais à un niveau plus bas, le cas change ; mais en relevant le lambeau et en appliquant les électrodes à la surface de la section, on voit qu'il y a sur celle-ci des points actifs qui, en ce qui concerne les résultats de l'excitation, possèdent les mêmes propriétés que les points actifs déjà constatés sur la surface naturelle et que les relations topographiques entre les derniers sont les mêmes que celles qui existent entre les premiers.....

« De ces faits il semble découler que les circonvolutions superficielles ne renferment pas d'organes essentiels à la production des combinaisons musculaires motrices dont il s'agit en ce moment. Ils rendent en outre vraisemblable la doctrine jusqu'ici admise par les physiologistes, d'après lesquels les centres d'un mouvement se trouvent dans les masses de substance grise qui se trouvent sur le plancher et la paroi externe de chaque ventricule latéral. »

J.-J. Putnam (1) a fait des expériences intéressantes que d'autres expérimentateurs ont reproduites depuis lui, mais que d'autres aussi avaient faites déjà.

Il cherche le courant minimum nécessaire pour exciter un centre quelconque, puis il glisse un bistouri dans la substance cérébrale, sous le centre en question, de façon à détacher une tranche peu épaisse de substance grise (1-2 millimètres) : il la laisse en place. On excite avec le même courant minimum, pas de résultat. On relève la tranche de substance grise et on excite la substance blan-

---

(1) J.-J. Putnam. Contribution to the Physiology of cortex cerebri. The Boston medical and Surgical Journal, 16 juillet 1874, p. 49.

Crosnier de Varigny.   2

che sous-jacente avec le même courant ; pas de résultat, mais si on augmente la force du courant, le mouvement se produit. Si l'on rabat en place la substance grise, on l'excite en vain, même avec des courants plus forts.

Le nombre des publications de M. le professeur *Brown-Séquard* relatives à l'action des excitations cérébrales, ne le cède ni à l'intérêt, ni à l'originalité. M. Brown-Séquard a des idées très personnelles sur le sujet, que nous ne saurions nous dispenser de signaler d'une façon toute particulière.

Dans son mémoire intitulé « *Recherches sur l'excitabilité des lobes cérébraux* » (1), ce physiologiste donne le résultat des recherches faites sur l'excitabilité du cerveau par la cautérisation actuelle (fer au rouge ou au blanc) chez des chiens et lapins non anesthésiés ou sortis du sommeil anesthésique.

Les conséquences de ce genre d'irritation sont : du même côté du corps, paralysie du sympathique cervical ; du côté opposé à la lésion, paupières closes, pupille resserrée et conjonctive congestionnée. On n'observe jamais de mouvements provoqués lorsque la cautérisation porte sur les centres dits moteurs.

D'une façon générale, les phénomènes de paralysie du sympathique cervical s'observent encore dans les cas d'excitation thermique (ou mécanique) de la peau du crâne, du péricrâne, des méninges, mais ils s'observent le plus nettement lorsqu'on excite la surface ou la substance blanche du cerveau même.

Ces phénomènes sont caractéristiques, mais moins nets que lorsqu'on pratique la section du sympathique et ils

(1) Archives de physiologie, 1875, p. 854-865.

sont temporaires, proportionnés à l'intensité de l'excitation et à la superficie de la surface excitée. D'où la conclusion dernière, que « les lobes cérébraux sont excitables par une cause mécanique et par la chaleur, ainsi qu'on sait maintenant qu'ils le sont par le galvanisme, bien que les effets produits par ce dernier mode d'excitation soient radicalement différents de ceux des excitations mécaniques ou thermiques. »

Ces résultats sont à comparer avec ceux qu'ont obtenus MM. Vulpian (excitations mécaniques du cerveau), et Bochefontaine (excitations de la dure-mère cérébrale).

Dans une autre publication intitulée « *Introduction à une série de Mémoires sur la physiologie et la pathologie des diverses parties de l'encéphale* » (Arch. de Physiologie, 1877, p. 409 et 655), M. Brown-Séquard développe une idée fondamentale, destinée, si elle est exacte, à modifier profondément l'interprétation de toutes les expériences et études cliniques faites sur le système nerveux central. Cette idée est que « les symptômes dans les affections organiques de l'encéphale n'ont leur origine ni dans la perte d'une fonction appartenant exclusivement à la partie lésée, ni dans l'effet direct d'une manifestation de propriété spéciale de cette partie; tout au contraire, ces symptômes n'apparaissent que comme conséquence d'une influence exercée sur d'autres parties à une distance plus ou moins grande du siège de la lésion organique visible à l'autopsie, influence causée par une irritation transmise, soit de la partie lésée elle-même, soit des parties qui l'avoisinent. »

Dans ces Mémoires où M. Brown-Séquard conteste formellement l'exactitude de l'hypothèse des centres moteurs corticaux, il n'est pas question de l'excitabilité de l'écorce grise, M. Brown-Séquard n'en parle pas.

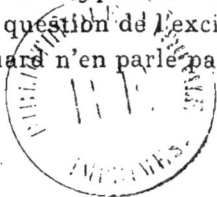

M. Rouget, dans une communication à la Société de Biologie (1), a annoncé avoir répété les expériences de Ferrier avec un plein succès : il pense, comme Ferrier, que la diffusion des courants n'est pas suffisante pour aller exciter les noyaux de la base du cerveau, et il admet comme certains la plupart des faits annoncés par le physiologiste anglais.

M. Lépine a étudié (2) l'influence de l'électrisation cérébrale sur la tension sanguine ; il ne croit pas non plus à la diffusion des courants dont certains auteurs se sont tellement préoccupés, ne remarquant pas combien une différence de position de quelques millimètres seulement, des électrodes, suffit à provoquer des manifestations différentes.

MM. Carville et *Duret* (3), dans un travail important et à plusieurs points de vue bien fait, et dans diverses notes présentées à la Société de Biologie, se préoccupent beaucoup de la diffusion des courants électriques, tant à la surface que dans la profondeur, chose que n'avaient guère faite ni Fritsch, ni Hitzig, ni Ferrier lui-même.

Ils ont d'abord voulu réfuter les opinions de Ferrier en montrant (4) :

1° Qu'il y a diffusion selon la surface et selon la profondeur ;

2° Que les effets varient selon le degré d'anesthésie de l'animal en expérience.

Ils reconnaissent que si l'anesthésie est incomplète, on

(1) Comptes rendus de la Société, 1875, p. 131.
(2) Ibidem, p. 230.
(3) Sur les fonctions des hémisphères cérébraux, par C. Carville et H. Duret. Archives de Physiologie, 1875, p. 352. Société de Biologie, 1873, p. 374, et 1874, p. 49.
(4) Société de Biologie. Loc. cit., 1873, 1874.

peut répéter les expériences de Ferrier avec le même succès, ou peu s'en faut ; au contraire, si l'anesthésie est complète, aucun mouvement ne peut être obtenu.

Trois hypothèses, suivant eux, se présentent pour expliquer l'action des anesthésiques sur l'excitabilité.

1º Les anesthésiques modifient l'état de la couche corticale, et l'électricité ne peut plus agir sur les éléments de
cette couche ;

2º Les mouvements obtenus par l'électrisation des hémisphères sont d'ordre réflexe, et l'anesthésie empêche
les réflexes ; de là l'inexcitabilité sous l'influence des anesthésiques (Schiff et Dupuy) ;

3º L'excitabilité n'existe pas dans les cas d'anesthésie
complète, parce que l'anesthésie paralyse les parties excitables du cerveau (corps striés, pédoncules).

C'est la troisième de ces hypothèses qu'adoptent
MM. Carville et Duret.

Dans leur travail publié dans les Archives de Physiologie, il y a quelques modifications aux objections faites
ci-dessus.

1ᵉ On obtient, en électrisant directement la substance
blanche sous-jacente, les mêmes mouvements que par
l'excitation du prétendu centre moteur (en opérant sur un
animal faiblement anesthésié) ; ces mouvements vont augmentant en précision et en force à mesure qu'on se rapproche du corps strié.

2º L'anesthésie complète entrave la production de mouvements, quels que soient les courants employés ; elle agit
en diminuant l'excitabilité des parties reconnues excitables, c'est-à-dire le bulbe et les noyaux gris de la base de
l'encéphale.

3º L'intégrité de la substance grise n'est pas nécessaire à

la production de mouvements, puisqu'on peut en obtenir après ablation de cette substance.

MM. Carville et Duret ont, d'eux-mêmes, répondu aux objections relatives à la diffusion, en remarquant que si celle-ci existe à la surface du cerveau, on peut l'amener à être assez minime pour être négligeable. Elle existe *physiquement*, mais non physiologiquement. En effet, il suffit de comparer les résultats amenés par l'excitation de deux centres très voisins pour se rendre compte du peu d'importance de la diffusion en surface.

En est-il de même de la diffusion en profondeur? Oui, selon toute apparence; il suffit, en effet, de comparer les effets de l'électrisation d'un centre cortical à celle des corps striés ou des pédoncules.

L'objection, relative à l'excitabilité de la substance blanche, ne nous paraît pas bien topique. La substance blanche est très probablement constituée par des voies de conduction, et comme les nerfs, elle est excitable : rien d'étonnant à cela.

Nous avouons ne pas bien comprendre la dernière objection (1). Pourquoi donc l'anesthésie complète n'agirait-elle pas sur l'écorce cérébrale?

M. Vulpian est revenu à plusieurs fois sur la question de l'excitabilité du cerveau.

En 1875 (2), au cours des leçons professées par lui à la Faculté de médecine, M. Vulpian a émis sur la doctrine des localisations cérébrales des vues intéressantes et pratiqué des expériences dont voici les résultats.

Un chien est chloralisé, et son gyrus sigmoïde est mis à nu ; on détermine les points excitables. La bobine étant à

(1) Page 19.
(2) Journal « l'Ecole de médecine », 1875. Leçon du 5 juin, p. 440.

10, on obtient un mouvement bien net : « Ce mouvement
a lieu presque immédiatement..... On diminue ensuite un
peu la force du courant d'induction ; le mouvement des
membres et de la queue ne se produit plus alors qu'un
court moment après l'excitation, et il est moins brusque. »
Ce point est particulièrement intéressant ; nous aurons à
y revenir à propos de nos propres expériences.

Autre fait : On constate sur un chien chloralisé quel est
le courant nécessaire à la production de mouvements nets
de tel ou tel membre. On injecte alors de la poudre de
lycopode dans les carotides, et l'on pratique la respiration
artificielle faute de laquelle le chien périrait bientôt ; on
électrise à nouveau le cerveau :

« Ces effets (les mouvements) se reproduisent : ils paraissent plus marqués encore qu'avant l'injection de la
poudre de lycopode, ce qui a pour cause, soit une exaltation de l'excitabilité des parties sur lesquelles agit réellement l'électricité, soit une diminution de l'action du chloral... Ce résultat s'observait encore chaque fois qu'on
électrisait le même point du gyrus sigmoïde, sept à huit
minutes après l'injection de la poudre de lycopode, et
quatre à cinq minutes après la constatation de tout mouvement réflexe, soit des paupières, soit du globe oculaire.
On attend encore une minute et demie, et on fait un nouvel
essai. L'électrisation du gyrus sigmoïde reste cette fois
sans résultat, même avec le maximum du courant que
peut donner notre appareil (courant extrêmement fort). »

. . . .

« Pour apprécier convenablement la signification de cette
expérience, il faut se rappeler ce qui a lieu lorsque sur un
chien on injecte dans une des artères crurales vers le cœur,
de l'eau contenant en suspension de la poudre de lycopode.

Si l'injection est faite avec un certain degré de force, le liquide remonte jusqu'aux artères lombaires et pénètre par l'intermédiaire des branches postérieures de ces artères jusque dans les artérioles de la partie lombaire de la moelle épinière. Il y a donc arrêt presque soudain de la circulation dans cette partie du centre médullaire. Or, l'abolition très rapide de la sensibilité des membres postérieurs dans ces conditions, montre que la substance grise de la moelle perd ses aptitudes fonctionnelles au bout d'une à deux minutes lorsque la circulation y a cessé. On est autorisé, ce me semble, à admettre qu'il doit en être de même pour la substance grise du cerveau : les phénomènes de la syncope par suspension des mouvements cardiaques le démontrent jusqu'à un certain point.

Dans l'expérience qui précède, nous voyons que l'excitation directe de la couche grise du gyrus sigmoïde, déterminait encore des mouvements dans les membres du côté opposé, sept à huit minutes après une injection des vaisseaux artériels de l'encéphale, à l'aide de poudre de lycopode dans l'eau, c'est-à-dire après l'arrêt complet de toute circulation encéphalique. Ce résultat nous donne le droit, ce me semble, de conclure que l'excitation électrique de la surface du cerveau au niveau d'une région déterminée du gyrus sigmoïde peut encore déterminer des mouvements dans le membre du côté opposé, même après que la substance grise des circonvolutions a perdu toutes ses aptitudes fonctionnelles, et que ces mouvements sont tout à fait semblables à ceux qu'on provoque en faradisant la surface du gyrus chez un chien dont la circulation intracrânienne s'effectue librement. »

En 1876, dans son cours, M. Vulpian a encore traité des

localisations cérébrales (1) et a exposé les deux principaux motifs qui le font hésiter à accepter la doctrine des localisations :

1° La substance grise ne serait excitable que par l'électricité ;

2° Il est impossible de nier la diffusion des courants : or, la substance blanche est très excitable; rien ne prouve que les courants ne vont pas l'exciter au travers de la substance grise.

En 1882, M. Vulpian (2) a publié une note d'où il ressort que les excitations mécaniques sont sans action sur la sensibilité des lobes cérébraux, mais exercent une action manifeste sur la substance blanche sous-jacente.

Nous dirons du rapport présenté à la *Society of Neurology and Electrology of New-York* (3) ce que nous aurons à dire de beaucoup de travaux encore. C'est un travail intéressant, mais qui ne s'occupe que de la détermination du siège des centres moteurs, laissant entièrement de côté la question qui nous intéresse plus particulièrement. Notons seulement en passant que, d'après les auteurs du rapport, les centres moteurs n'occupent pas sur les différents animaux de même espèce (chiens) un siège absolument invariable. Ces expérimentateurs ont employé des courants galvaniques faibles, et ont reconnu que les contractions augmentent d'intensité par la répétition fréquente des excitations.

---

(1) « L'Ecole de médecine », leçon du 29 juin 1876.
(2) Sur la sensibilité des lobes cérébraux chez les mammifères. Comptes rendus Acad. des sciences, 7 août 1882.
(3) Motor centres in the cerebral convolutions; their existence and localization, par Dalton, Arnold, Beard, Flint et Mason. New-York med. Journal, 1875, p. 225-240.

O. Soltmann (1) s'est demandé si l'électrisation du cerveau donne les mêmes résultats chez les chiens et lapins nouveau-nés, que chez les adultes. Il a vu par de nombreuses expériences, que l'électrisation du cerveau ne provoque aucune réaction chez les nouveau-nés, et que ce n'est qu'à partir du 10e jour que les centres psycho-moteurs paraissent se développer. A cette époque, paraît le centre de la patte antérieure : vers le 13e, paraît celui de la patte postérieure. Les autres centres se développent plus tard encore. Les uns et les autres sont, lors de leur formation, plus étendus que chez l'adulte : ils se réduisent peu à peu, mais en se mieux différenciant. Soltmann remarque les centres, quels qu'ils soient, ne commencent à se développer qu'après le début du fonctionnement des yeux : ceux-ci ne s'ouvrent que vers le 8e jour.

M. Rouget a signalé les mêmes faits que Soltmann, mais moins en détail : peut-être même a-t-il devancé Soltmann.

O. Langendorff (2) a fait des recherches sur l'excitabilité électrique du cerveau chez les grenouilles. Il conclut à l'existence de cette excitabilité, tant que l'animal en expérience n'est pas éthérisé, ou endormi d'une façon quelconque. Il reconnaît qu'il y a une partie excitable, et une partie inexcitable ; mais il ne se préoccupe pas de savoir si les excitations électriques agissent sur la substance blanche ou la substance grise.

MM. *Lussana et Lemoigne,* dans un intéressant travail

(1) Exp. stud. uber die Funct. des Grossh. der Neugeborenen. Jahrb. f. kinderheilk. und physische Erziehung, 1876, p. 106.
(2) Centralblatt für med. Wiss., 1876, p. 945 ; analysé in Rev. des Sc. med., t. X, 1877, p. 26.

sur les centres moteurs (1), sont d'avis que « les centres
de l'innervation motrice ont leur siège en dehors des hémisphères cérébraux : ceux-ci peuvent exciter les premiers
à l'action (volontaire) de la même manière que les sensations peuvent déterminer des mouvements réflexes ». Nous
l'avons déjà dit, et nous le répéterons encore, nous ne nous
occupons aucunement de savoir si la substance grise du
cerveau est un point de départ d'incitations motrices, ou
un lieu de réflexion d'impressions sensitives, c'est-à-dire,
une surface où aboutissent les sensations.

MM. Lussana et Lemoigne se préoccupent d'établir que
les centres moteurs cérébraux ne réagissent pas à la façon
des nerfs moteurs. Cela leur est facile à prouver. En
effet :

1° Si l'électrisation du cerveau produit, selon les points
excités, des mouvements spéciaux, à la façon des nerfs
moteurs, il convient de remarquer que les excitations pouvant convenir aux nerfs ne conviennent pas toutes aux
centres : ils ne sont pas, en effet, excitables par les
actions mécaniques, au lieu que les nerfs le sont;

2° « Les centres cortico-cérébraux ne donnent plus aucun mouvement sous l'excitation galvanique, lorsque l'a-
nimal est réduit à l'état asphyxique, ou lorsqu'il est profondément anesthésié, avec cessation des mouvements
réflexes, et même lorsque la circulation sanguine est très
troublée, encore moins quelques instants après la mort.
Au contraire, les *nerfs* et les vrais *centres d'innervation
motrice*, excités électriquement, ou bien *mécaniquement*,
produisent toujours leurs mouvements respectifs, quel que

---

(1) Des centres moteurs encéphaliques, par Ph. Lussana et A. Lemoigne.
Arch. de physiologie, 1877, p. 119-155; 342-399.

soit l'état du sujet (asphyxie, profonde anesthésie, circulation sanguine interrompue, mort récente). »

3° Les auteurs montrent encore que le caractère des paralysies corticales n'est pas comparable à celui des paralysies par sections nerveuses ou médullaires.

Nous n'insisterons pas plus longuement sur ces différences qui importent moins au sujet qui nous occupe.

Les deux premiers arguments de MM. Lussana et Lemoigne méritent une attention particulière. Le premier montre, en effet, que l'excitation de l'écorce cérébrale agit sur un élément qui n'est pas physiologiquement analogue au nerf moteur ; or, il n'y a là que deux éléments : l'un assez analogue au nerf moteur, la substance blanche, l'autre qui en diffère fort, la substance grise. C'est donc vraisemblablement sur cette dernière qu'on agit.

Le second montre en outre que certains états qui n'agissent aucunement sur l'excitabilité des nerfs, agissent beaucoup sur l'irritabilité corticale ; or, s'ils n'agissent pas sur la conductibilité et l'excitabilité de la substance blanche, il faut bien que l'inexcitabilité de l'écorce soit due à l'inexcitabilité des cellules grises paralysées de quelque façon. Cette conclusion que nous ne saurions appliquer aux cas d'anesthésie expérimentale généralisée, ou d'asphyxie, à cause de l'action toxique exercée sur la substance grise de *tout le système nerveux*, est peut-être applicable aux cas d'anémie corticale, et en général, aux cas où la substance grise a été paralysée isolément, d'une façon ou d'une autre.

Sans insister plus longuement sur des faits que nous aurons à examiner au cours de la seconde partie de ce travail, notons seulement en passant que MM. Lussana et Lemoigne acceptent explicitement les conclusions de

MM. Albertoni et Michieli, relatives à la non-diffusion des courants électriques vers les parties profondes de l'encéphale, et à la non-excitabilité de la substance blanche.

La plus grande partie de leur mémoire est consacrée à l'étude du rôle physiologique des couches optiques, des tubercules quadrijumeaux, des pédoncules cérébelleux et cérébraux, de la protubérance, de la moelle allongée, etc. les résultats en seront signalés en un autre point de notre travail.

Jean de Tarchanoff (1) a repris, en 1878, dans un très intéressant travail, les recherches de Rouget et de Soltmann, sur le développement des centres psycho-moteurs. Il a montré que si chez certains animaux, les centres psycho-moteurs ne se développent que quelque temps après la naissance, chez d'autres, tels que le cochon d'Inde, on les rencontre dès la naissance et même avant. Il a montré aussi que l'on peut hâter le développement de ces centres, soit par l'ingestion de phosphore en petites quantités, soit par l'hyperhémie expérimentale du cerveau. Il a vu encore que l'anémie expérimentale diminue ou abolit temporairement l'excitabilité des centres moteurs. Enfin, il a confirmé les résultats de Soltmann, mais en y ajoutant beaucoup de faits de grand intérêt, et des expériences fort ingénieuses.

M. C. Richet, professeur agrégé à la Faculté de médecine, a fait d'intéressantes recherches sur le sujet qui nous occupe.

_____

(1) Revue mensuelle de méd. et de chir., 1878, p. 721. Sur les centres psycho-moteurs des animaux nouveau-nés et leur développement dans différentes conditions.

Il a étudié l'excitabilité comparée des substances grise et blanche. Voici une expérience faite par lui : (1)

« Sur un chien chloralisé, le gyrus sigmoïde est mis à nu, on excite les parties antérieures avec un courant d'intensité variable, et on constate que pour provoquer un mouvement, il faut un courant électrique (induit, de fréquence constante), répondant à la division 12 de la bobine de Dubois-Reymond. En sectionnant la substance grise, et en excitant la substance blanche sous-jacente, immédiatement, sans attendre la congestion consécutive aux lésions par l'instrument tranchant, je constate qu'il suffit d'un courant extrêmement faible (= 23), à peine sensible à la langue, pour provoquer une réaction motrice. Après un repos d'une heure, l'excitabilité a beaucoup diminué, et il faut 11 pour obtenir un résultat moteur. L'excitabilité s'épuise rapidement.

On met alors à nu l'hémisphère droit du côté opposé : à 12, l'écorce grise ne répond pas à l'excitation, tandis qu'en laissant l'écorce grise, à 12 la substance blanche est excitable. »

Il semblerait donc qu'on peut conclure de ces expériences que la substance blanche est plus excitable que la substance grise.

Cette différence dans les résultats obtenus par MM. François-Franck et Ch. Richet semble devoir s'expliquer par le fait, que C. Richet opérait sur des animaux chloralisés, et F. Franck sur des animaux non endormis. On comprend que la substance grise paralysée ne réagisse pas, et que la substance blanche qui n'est pas atteinte par l'anesthésique réagisse sans difficulté.

(1) Thèse d'agrégation sur les circonvolutions cérébrales, 1878, p. 74.

M. C. Richet montre encore que l'addition latente des excitations du cerveau n'est possible que si la substance grise est intacte : la substance blanche ne présente pas ce phénomène. C'est là un fait bien connu aujourd'hui.

« De tous ces faits (1), il semble donc résulter que la substance grise corticale est directement excitable.

..... Quant à la raison alléguée par Dupuy, qu'il n'y a pas de centres dans l'écorce parce que l'excitation chimique ou mécanique ne produit pas de réaction, elle est évidemment insuffisante ; en effet, la substance blanche qui ne réagit pas aux excitants chimiques est évidemment excitable par l'électricité, de sorte que pour une partie quelconque du système nerveux, le fait de n'être pas excité par des agents chimiques ne prouve pas que l'électricité soit impuissante.»

Dans sa « *Physiologie des muscles et des nerfs*, (2) M. C. Richet revient sur la question. Il montre (p. 829-835) l'influence de la température sur les fonctions cérébrales ; quand elle s'abaisse, ces fonctions deviennent plus difficiles, ainsi que l'a dit M. Couty dans ses expériences sur l'excitation des circonvolutions (Comptes-rendus du 10 mai 1881). Il étudie ensuite l'action des poisons, et montre que le cerveau est de toutes les parties du système nerveux central, celle qui est « la plus susceptible à l'action des substances toxiques.»

Plus loin, il revient sur ce qu'il a déjà signalé dans sa thèse d'agrégation : il montre l'excitabilité plus facile de la substance blanche quand l'anesthésie est profonde ; l'excitabilité plus facile au contraire de la substance grise (d'après

(1) Loc. cit., p. 78-79.
(2) Leçons professées à la Faculté de médecine de Paris, en 1881, un volume in-8, 924 pages.

Franck et Pitres) sur les animaux non anesthésiés. Il a fait d'intéressantes recherches sur l'excitation ganglio-musculaire, et montre la différence qu'il y a dans la courbe obtenue par ce procédé par rapport à celle que donne l'excitation directe du cerveau : le muscle demeure à demi contracturé, ce qui ne s'observe pas si l'excitation est simplement musculaire ou nerveuse.

M. Richet conclut d'une façon générale que l'on peut « regarder comme assez vraisemblable l'hypothèse de l'excitabilité directe des cellules grises du cerveau par l'excitant électrique » (1).

D'autres recherches fort intéressantes sont consignées dans les travaux du Laboratoire de M. Marey (2), et traitées encore dans ses leçons déjà citées.

M. Richet démontre qu'il y a deux sortes d'addition latente, en ce qui concerne les muscles. « Dans les deux cas, dit-il, c'est un même phénomène, une série de forces successives qui s'ajoutent les unes aux autres pour produire un résultat final, la contraction musculaire. Seulement dans un cas, ces forces sont apparentes et se traduisent par des secousses manifestes, dans l'autre elles sont latentes, et correspondent à une modification d'état intérieur, non apparente, du tissu musculaire. » De ses expériences, accompagnées de tracés très concluants, M. Richet tire la conclusion suivante :

Des excitations égales entre elles, mais répétées fréquemment, produisent un effet qu'une seule excitation, égale aux premières, mais isolée, est impuissante à produire.

Dans ses leçons sur la *Physiologie des muscles et des nerfs,*

(1) Loc. cit., p. 850.
(2) Année 1877, t. III. De l'addition des excitation dans les nerfs et dans les muscles, p. 97.

le même physiologiste a publié de très intéressantes obser-
vations sur la fatigue de la moelle, des nerfs, des muscles,
des centres cérébraux, ainsi que sur le phénomène inverse,
consistant dans l'accroissement de l'excitàbilité sous l'influence de la répétition des excitations. Au sujet de la
période latente cérébrale, M. Richet donne plusieurs tracés très instructifs : tels le tracé 92 (p. 863), où l'on voit à
la suite d'une première excitation double ayant produit une
contraction, la seconde excitation double provoquer deux
contractions fusionnées en une seule, l'effet de l'excitation
de rupture ayant continué à développer celui de l'excitation de clôture. Je citerai encore le tracé 93, montrant
l'accroissement de la durée de la période latente cérébrale
sous l'influence de la fatigue (au lieu de 0,15, le retard est
de 0,6, lors de la seconde excitation). De même le tracé 95
montre que non seulement la fatigue peut allonger la période latente : elle peut aller jusqu'à supprimer l'excitabilité. Ces faits sont très intéressants, nous les confirme-
rons plus loin en ce qui concerne la période latente cérébrale.

Autre constatation intéressante : si l'intensité de l'excitation croît (en opérant sur un animal non fatigué), la
durée de la période latente diminue : et la chose est encore
vraie, même en opérant sur des animaux fatigués (p. 873) :
c'est là encore un fait que nous verrons à confirmer amplement.

M. *Arloing* (1), professeur à l'Ecole vétérinaire à **Lyon**,
a déterminé les points excitables de la surface cérébrale
chez l'âne. Cet auteur a opéré avec des courants induits,

(1) Détermination des points excitables du manteau de l'hémisphère des animaux solipèdes ; application à la topographie cérébrale. B. vue mens. de méd.
et de chir., 1879, p. 177.

peu intenses (supportables à la langue), et a vu que les divers centres étaient assez nettement délimités. Ce travail n'ayant d'autre but que de rechercher quels sont les centres existant à la surface cérébrale, nous n'avons pas à nous en occuper plus longuement.

En 1879, MM. *Krawzoff* et *Langendorff* (1) ont fait des expériences sur la période latente chez la grenouille. Ils ont trouvé sur le cerveau de cet animal une zone présidant à la patte antérieure, l'autre présidant à la patte postérieure. Comme chiffre du temps perdu total, ces auteurs trouvent 0,0525, Exner avait trouvé 0,0512, et Schiff 0,06. MM. Krawzoff et Langendorff ont vu que l'éthérisation de l'animal détruit l'excitabilité du cerveau, sans cependant supprimer l'action réflexe.

Le travail de *MM. François-Franck* et *Pitres* (2), fait avec une conscience parfaite, et dans lequel les moindres détails opératoires se trouvent rapportés avec une minutie scrupuleuse, diffère considérablement de la majorité de ceux que nous avons eu à citer jusqu'ici et dont les meilleurs ont été inspirés par eux. Les deux auteurs se sont beaucoup occupés de noter et de mesurer les effets qui suivent l'excitation de l'écorce cérébrale.

Nous passerons sous silence toute la partie consacrée au manuel opératoire : non qu'elle ne présente un intérêt considérable, mais parce que nous aurons occasion d'y revenir à propos de nos propres expériences : ce qui nous intéresse particulièrement, ce sont les recherches sur l'effet comparé

(1) Zur Elektrischen Reizung des Froschgehirns. Arch. für Physiologie, de Du Bois-Reymond, 1879, p. 90.
(2) Recherches graphiques sur les mouvements simples et sur les convulsions provoquées par les excitations du cerveau, par MM. François-Franck et Pitres. Trav. du lab. de M. Marey, t. IV, 1880, p. 413.

des excitations de la substance blanche et de la substance grise.

MM. Franck et Pitres montrent en effet que le temps qui s'écoule entre le moment de l'excitation et celui de la réaction, varie, sur un même animal, selon que l'on excite l'une ou l'autre de ces substances. Ainsi le retard se réduit notablement quand on excite la substance blanche : en enlevant la couche grise, on enlève au retard un tiers de la valeur totale obtenue en électrisant la substance grise. Il en résulte pour MM. Franck et Pitres, que la substance grise retient les excitations plus longtemps que la substance blanche, purement conductrice.

Voilà un premier fait.

Un second, qui vient à l'appui du premier, et qui confirme l'excitabilité de la substance grise est celui-ci : tandis qu'il est assez facile d'obtenir soit par des excitations légères et prolongées, soit par des excitations intenses et courtes, de la substance grise, des convulsions épileptiformes, ces mêmes convulsions ne peuvent en aucun cas être obtenues par l'excitation quelle qu'elle soit, de la substance blanche.

Ces deux faits nous semblent avoir la plus haute importance au point de vue de la question que nous étudions. Nous laissons de côté pour le moment nombre de faits cités par eux, devant y revenir à maintes reprises dans la seconde partie de ce travail.

Dans un travail antérieur à celui-ci (1) les auteurs ont montré que les excitations fréquemment répétées peuvent

(1) Note à la Société de biologie, 1878, p. 300. Voyez encore : Recherches expérimentales et critiques sur les convulsions épileptiformes d'origine corticale. Arch. de phys., 1883.

épuiser l'excitabilité de l'écorce cérébrale ; et que l'excitation de la substance blanche ne provoque jamais d'accès d'épilepsie, alors que celle de la substance grise la provoque aisément dans certaines conditions.

En 1881 (1), *MM. V. Bubnoff* et *R. Heidenhain* ont publié un très bon travail intitulé : *Ueber Erregungs und Hemmungsvorgänge innerhalb motorischen Hirncentren.* Je n'en ai eu connaissance que depuis peu de temps, alors que mes trente premières expériences étaient achevées, et que mon travail, la partie « expériences » du moins, était presque terminée. Je n'ai donc malheureusement pu que très peu profiter des recherches de MM. Bubnoff et Heidenhain : néanmoins, on verra que sur beaucoup de points les résultats obtenus par moi concordent avec les leurs, ce dont j'ai lieu de me féliciter, leur méthode étant très précise et leurs recherches consciencieuses.

Laissant de côté dans leur travail certains points dont je ne me suis pas occupé, et qui ne rentraient pas dans mon sujet, tel que je l'ai entendu, je n'analyserai ici que les parties relatives à la question de l'excitabilité de la substance grise du cerveau.

Au point de vue de la technique, MM. Bubnoff et Heidenhain ont eu une idée fort ingénieuse, dont l'application donne des résultats plus précis que l'emploi des tambours inscripteurs. Voici en quoi elle consiste. On sait que l'emploi des tambours de Marey entraîne certaines erreurs dans l'inscription des mouvements et dans la lecture des tracés graphiques (2). Si court que puisse être le tube en

---

(1) Archiv. für die Ges. Physiologie des Menschen und der Thiere, t. XXVI, p. 137-200 ; planches IV, V et VI.

(2) Voyez sur ce point un travail qui sera analysé plus loin, lorsque nous en serons à la technique : « On the Reliability of Marey's tambours in experiments requiring accurate notation of time, par J.-J. Putnam, in The Journal of physiology, t. II, 1879-1880, p. 209.

caoutchouc reliant le tambour enregistreur au tambour inscripteur, il faut un certain temps pour transmettre de l'un à l'autre la compression subie par l'air renfermé dans le premier tambour (280 mètres par seconde).

Par conséquent la lecture du tracé ne donne pas le moment précis où le mouvement inscrit a commencé de se produire. En outre, le degré de tension de l'air influe sur la rapidité de la transmission ; si elle est faible, il y a une erreur plus grande dans la lecture. Aussi MM. Bubnoff et Heidenhain, tout en conservant les tambours conjugués ont-ils employé concurremment un autre appareil très simple à construire, et donnant des résultats beaucoup plus précis, en ce qui concerne la mesure du temps. Le levier du tambour enregistreur porte une petite pointe en platine ou en cuivre, reliée par un fil isolé à un signal électro-magnétique dont la pointe se trouve sur la même ligne que les pointes de l'appareil qui signale les instants de l'excitation, du diapason et de la plume du tambour inscripteur. Cette pointe sur le levier du tambour enregistreur est amenée au contact d'un corps métallique que l'on peut avancer ou reculer à volonté, mais qui reste fixe quand on n'y touche pas. On la place de telle sorte que, le levier étant en repos, la pointe soit juste au contact de ce corps. De ce dernier part un fil allant à une pile ; de cette pile un autre fil va au signal électro-magnétique. Le courant passe, si le contact entre la pointe et le corps métallique existe, la plume du signal prend une position déterminée, et l'inscrit sur le cylindre. Mais dès qu'un mouvement de la patte ou du muscle de l'animal en expérience, vient mettre en action le levier du tambour enregistreur, la pointe, fixée sur ce levier s'éloigne de la plaque qui est fixe, le courant ne passe plus et le signal prend une autre position aussitôt. Il est évident qu'en faisant ainsi signaler le moment où se produit un mouvement, au moyen de l'électricité, l'erreur de lecture est moindre que si l'on s'en tient à l'emploi des tambours.

MM. Bubnoff et Heidenhain donnent dans leur travail quelques exemples de tracés où le mouvement est signalé à la fois par un signal électrique et par les tambours conjugués : l'erreur de lecture, si l'on n'avait employé que les tambours, aurait été de deux centièmes de seconde dans trois cas, et de cinq millièmes de seconde dans un autre cas. On voit que l'erreur, même avec les tambours conjugués, n'est pas constante, dans des expériences différentes elle varie sans doute avec le degré de tension de l'air des tambours et certainement avec la longueur des tuyaux de raccord. L'emploi du procédé de MM. Bubnoff et Heidenhain est donc très préférable à celui des tambours quand on ne cherche que des chiffres, et des chiffres très précis. En revanche, dans l'étude de mouvements, il ne donne aucun renseignement sur leur ampleur, ni sur la forme de la courbe. Il est donc bon d'employer ce procédé concurremment avec les tambours, l'un complétant l'autre, comme l'ont fait les auteurs que nous citons, et dont nous avons suivi l'exemple dans quelques cas. Du reste, nous reviendrons plus loin sur ce point, en donnant quelques résultats expérimentaux.

Au point de vue des résultats obtenus par MM. Bubnoff et Heidenhain, il y en a un certain nombre de très intéressants à signaler.

1° *La durée de la période latente varie dans de certaines limites avec l'intensité de l'excitation elle diminue quand cette dernière augmente et inversement.*

Si l'on augmente graduellement l'intensité du courant employé depuis celle qui correspond à l'intensité nécessaire à la contraction minima, la hauteur de la contraction augmente en même temps que diminue la période latente.

En voici un exemple : la dernière colonne de chiffres indique l'ampleur ou la hauteur du graphique de la contraction musculaire en millimètres.

EXPÉRIENCE. — Chien de taille moyenne : injection de 12 centigr. de chlorhydrate de morphine. Sommeil profond. Dix petits éléments Grove. Il y a un intervalle de plusieurs secondes entre chaque excitation.

Série de Recherches.	Rhéocorde.	Période latente Centièmes de seconde.	Hauteur des contractions Millimètres.
I	2000	5,0	4,5
	2200	4,5	11,0
	2400	4,0	16,5
	2600	4,0	18,0
	3000	3,5	25,0
II	1400	4,75	1
	1600	4,5	4,5
	1800	3,0	2,8 (?)
III	1220	5,5	0,5
	1240	4,25	2,5
	1260	3,75	15,5

On remarquera que ce fait [est contraire à l'opinion de MM. Franck et Pitres qui disent dans leur travail déjà résumé plus haut (1) : « *Chez un même animal, que l'excitation efficace soit forte ou faible, unique ou multiple, la durée du retard est toujours identique, bien entendu [pour une distance égale du centre excité.* »

2° Quand, avec une intensité constante de courant, la hauteur des contractions musculaires s'élève par la somma-

(1) Loc. cit. p. 430.

tion, la période latente diminue d'une façon correspondante
(p. 157.)

En voici un exemple :

EXPÉRIENCE I. — Petit chien ; 10 centigr. sulfate de morphine ; 12 éléments Grove. Rhéocorde : 4000.

	Période latente centièmes de seconde.	Hauteur des contractions.
1re excitation.	9,25	Minimum.
2e —	7,25	2,0
3e —	7,0	3,0
4e —	6,0	10,0
5e —	5,0	11,5
6e —	5,0	10,0

EXPÉRIENCE II. — Chien de taille moyenne ; 12 centigr. de morphine ; 3 décigr. de chloral. Douze éléments Grove. Rhéocorde : 2000.

	Période latente centièmes de seconde.	Hauteur des contractions.
1re excitation.	7,5	1,5
2e —	6,0	4,5
3e —	5,0	12,0
4e —	4,5	17,0
5e —	4,0	21,0
6e . —	3,5	29,5

3° *Quand on continue à exciter à de courts intervalles,*
avec l'intensité de courant correspondant à la contraction
minima, la hauteur des contractions croît peu à peu, jus-
qu'à son maximum. Chaque excitation précédente laisse der-
rière elle une impression qui facilite l'action de la suivante.
Ceci n'est autre chose que la sommation des excitations,
phénomène constaté par François Franck et Pitres, par
Ch. Richet et d'autres encore. Ainsi que leurs devanciers,
MM. Bubnoff et Heidenhain ont vu que : « *Des excitations*
qui, isolées sont insuffisantes, peuvent devenir suffisantes par

une répétition fréquente, » et que *« La sommation est d'autant plus facile que l'intervalle des excitations est moindre »* (p. 156-157).

Ce sont là des faits connus sur lesquels il n'y a pas lieu d'insister.

4° *« On observe assez souvent des cas où à quelques contractions, dont l'ampleur croît graduellement, succède inopinément une excitation tout à fait inefficace, ou moins efficace. D'autres fois on observe des groupes d'excitations efficaces séparées par une ou deux excitations inefficaces ou moins efficaces »* (p. 158). C'est là un fait que nous avons observé dans chacune de nos expériences, ou peu s'en faut.

5° *« L'excitabilité de l'écorce subit, par le fait d'excitations fréquemment répétées, des altérations rapides »* (p. 156). C'est encore un fait très fréquemment observé par nous et dont on trouvera plus loin de nombreux exemples.

6° *« D'une façon générale l'ampleur de la contraction, après ablation de la substance grise, croît notablement; et parallèlement, la période latente diminue. »* Malgré cela on peut observer des courbes de même hauteur, obtenues par l'électrisation de la substance blanche et de la substance grise, mais le caractère des contractions n'est pas le même : *« la contraction de la substance grise est plus allongée, celle de la substance blanche est plus courte »*. C'est là un caractère important à joindre à celui que MM. Fr. Franck et Pitres ont donné, à savoir que le retard est plus considérable lorsqu'on excite la substance grise, que lorsqu'on excite la substance blanche. Ce caractère est très net sur les tracés reproduits par les auteurs allemands : la courbe est brusquement ascendante dans le cas où la substance blanche est excitée (voir planche IV, figure V b); elle est allongée et graduelle quand on opère sur la substance grise (voir *ibidem* V a). Ce fait, nous le répétons est un complément intéressant du fait important signalé par MM. Franck et Pitres.

7° *Sur des chiens endormis, l'excitabilité de la substance blanche est plus considérable que celle de la substance grise.* En effet :

EXPÉRIENCE. — 17 février 1881. Petit chien : 12 centigr. de morphine. Pas de réaction lors de l'excitation des cerveaux droit et gauche avec 6 éléments Grove. On enlève la substance grise à gauche : la substance blanche réagit à des courants plus faibles que les précédents ; au lieu que la substance grise à droite se refuse à réagir à des courants plus forts que les premiers (p. 108).

Une autre expérience du même genre a donné les mêmes résultats.

8° La conclusion de MM. Bubnoff et Heidenhain est la suivante :

« *De ces changements qui se produisent dans le résultat de l'excitation électrique, après ablation de la substance grise, nous ne conclurons pour le moment que ceci : c'est que lors de l'excitation de l'écorce cérébrale, ce n'est pas la substance blanche qui est excitée par des courants diffusés, mais c'est la substance grise elle-même. En effet, si la première hypothèse était l'expression de la réalité, l'influence de l'ablation de l'écorce serait totalement incompréhensible. Les éléments corticaux d'après nos tracés graphiques, se distinguent de ceux de la substance blanche en ceci : que la période latente est plus longue, et que la longueur de la courbe est plus considérable lorsque ce sont eux qui sont excités.* » (P. 160.)

D'après les propositions citées plus haut, on devait attendre cette conclusion.

M. Marcacci (1) s'est demandé, si la substance grise est excitable.

Pour arriver à la solution du problème M. Marcacci produit ce qu'il appelle une « anesthésie localisée de la zone motrice cérébrale », c'est-à-dire, qu'il détruit les propriétés physiologiques de la substance grise, sans l'enlever de place. Pour ce faire, il a employé des pulvérisations d'éther et de chloroforme, des mélanges réfrigérants, et la pulvérisation du chlorure de méthyle : ce dernier procédé peut donner un froid de — 40° !

Tels sont les agents, violents d'action, que M. Marcacci emploie pour étudier la question qu'il se pose.

M. Marcacci trouve que la congélation de l'écorce cérébrale n'entrave en rien l'action des centres corticaux, c'est-à-dire que l'excitation d'un centre moteur se fait aussi bien après qu'avant la congélation. Tantôt la même intensité de courant agit également bien dans les deux cas (courants induits) ; tantôt l'excitabilité paraît augmenter, en ce sens que le même effet moteur est obtenu, avec un écart plus grand des bobines. La différence n'est pas considérable en général : il s'agit le plus souvent de 1 à 2 centimètres seulement, avec l'appareil Dubois-Reymond. Voici du reste comment M. Marcacci opère. Il chloralise un chien, ou bien l'endort avec du chloroforme, puis met le cerveau à nu et cherche à provoquer des mouvements par l'électricité. Il applique ensuite le mélange réfrigérant à la surface cérébrale pendant cinq minutes, ou bien projette à sa surface un liquide facilement vaporisable, pendant le même laps de temps. Le cerveau devient blanc, dur, *réduit à l'état de*

(1) A. Marcacci. Etude critique et expérimentale sur les centres moteurs corticaux. Archives italiennes de Biologie, t. I, p. 261, 1882.

glaçon selon les expressions de M. Marcacci. En général, pendant cette opération, il y a une contracture des membres du côté du corps opposé à l'hémisphère sur lequel on opère. On cherche alors à obtenir de nouveau des mouvements, en excitant un centre moteur déterminé, celui sur lequel on a opéré avant l'application du froid. On cherche, comme avant, l'écart maximum susceptible de produire un mouvement. Dans deux cas, le même écart a agi de la même façon avant et après ; dans un cas, on a pu augmenter cet écart de quatre centimètres, après; dans trois cas, cet écart n'a pu être augmenté après que de un centimètre.

Il y a bien des éléments à considérer dans ce genre de comparaisons, et les conclusions basées sur d'aussi faibles expériences sont sujettes à caution. Il faudrait prouver que l'augmentation d'excitabilité notée par M. Marcacci n'est pas due à des circonstances accessoires non remarquées par lui : on sait en effet combien l'état d'anesthésie de l'animal sur lequel on opère, et combien l'état de son cerveau, plus ou moins enflammé, ou encore l'état de fatigue plus ou moins grande du cerveau, influent sur l'excitabilité des centres moteurs.

Même en admettant l'augmentation d'excitabilité, il faudrait donc prouver qu'elle n'est pas due à des circonstances accessoires dont M. Marcacci ne semble pas s'occuper. Il faudrait aussi savoir s'il n'y a pas une différence dans le temps qui s'écoule entre le moment de l'excitation du cerveau et le moment où se produit un mouvement, selon qu'on opère avant ou après la congélation cérébrale.

Quoi qu'il en soit de ces objections, M. Marcacci n'hésite pas à conclure ainsi des faits que nous venons de citer : « De ces expériences résultait, très évident, un fait capital,

« à savoir que la *substance grise cérébrale ne jouait aucun*
« *rôle actif dans la production des mouvements du cer-*
« *veau.* L'augmentation de l'excitabilité de cette même
« écorce, après l'application du mélange réfrigérant, glace
« et sel, s'explique précisément parce que le chlorure de
« sodium augmenterait la conductibilité électrique des
« tissus. Je crois inutile de faire remarquer que dans l'état
« auquel je réduisais la substance corticale, il était impos-
« sible de concevoir le rôle que les premiers localisateurs
« faisaient jouer à cette substance. On sait, en effet, qu'ils
« la considéraient comme le terrain où l'électricité donne
« naissance au mouvement, au changement moléculaire,
« semblable à celui qu'on suppose produit sous l'influence
« de cet agent plus inconnu encore, qui préside au mou-
« vement volontaire, l'influx psychique. Or demander à l'é-
« lectricité de le réveiller même après une congélation à
« — 40, ça serait trop. »

Nous avouons ne pas bien comprendre le syllogisme au
moyen duquel M. Marcacci conclut à l'inexcitabilité de la
substance grise. Après avoir pris la peine de montrer que
la diffusion des courants électriques est extrême, ce que
l'on sait, du reste, depuis assez longtemps, de quel droit
conclure à l'inexcitabilité générale de la substance grise
surtout dans les cas où cette substance a été paralysée. Il
serait légitime de conclure des expériences de M. Marcacci,
telles qu'il les rapporte, que la diffusion des courants existe
aussi bien lorsque l'écorce grise est congelée que lorsqu'elle
ne l'est pas, mais c'est tout. En un mot, les conclusions de
M. Marcacci ne découlent pas logiquement de ses prémisses,
elles dépassent celles-ci notablement. Si M. Marcacci avait
encore conclu que l'excitation de l'écorce n'agit probablement que parce qu'elle porte en réalité, non sur la sub-

stance grise, mais sur les fibres blanches qui sont censées en naître, il restait dans la logique et ses expériences l'autorisaient à parler ainsi.

Mais il y a une différence considérable entre ces deux affirmations : la substance blanche est excitable, la substance grise est inexcitable. Chacun admet la première : c'est la seconde qui est en litige, M. Marcacci n'élimine pas une cause d'erreur sur laquelle il insiste lui-même, et dont la constatation est sa première préoccupation.

Par cela même son raisonnement est vicié. S'il avait recherché, au moyen de la méthode graphique, comme l'ont fait Fr. Franck et Pitres, le retard qui existe entre le moment des excitations cérébrales et le moment où se produisent les mouvements provoqués par ces excitations, et s'il avait trouvé que ce retard fut très sensiblement le même sur un même animal, avant et après la congélation, ou bien avant et pendant une anesthésie profonde, il aurait pu conclure, non pas précisément que la substance grise est inexcitable ; mais que, dans les conditions sus énoncées, les excitations cérébrales agissent sur les fibres blanches juxtaposées et sous-jacentes aux cellules nerveuses, et non sur ces dernières. Que, dans les expériences de M. Marcacci, la couche grise ait été paralysée par la double action du chloral et de la congélation qui réduit la surface cérébrale, et certainement une partie de la couche sous-jacente *à l'état de glaçon*, cela est probable ; mais en quoi ce physiologiste prouve-t-il que la substance grise est inexcitable dans les conditions normales ?

Il prouve que dans les conditions expérimentales où il s'est placé, les excitations produisent encore de l'effet; mais rien n'établit même que les mouvements soient dus à l'excitation de l'une de ces substances plutôt que l'autre. Il

pense que la couche grise est paralysée : encore faut-il es-
sayer de le prouver, et même cela prouvé, ces expériences
ne peuvent établir l'inexcitabilité de la substance grise à
l'état normal.

M. Marcacci a fait d'autres expériences. Puisque, pour
lui, l'excitation du cerveau n'agit pas sur la substance
grise, il doit être possible d'obtenir des mouvements en excitant le cerveau des animaux nouveau-nés, contrairement
aux résultats annoncés par Soltmann. M. Marcacci déclare
avoir obtenu de ces mouvements, par l'électrisation de
l'écorce cérébrale de chiens nouveau-nés, mais il ne dit pas
avec quelle sorte ni quelle intensité de courants il a opéré.
Il dit seulement qu'il « appuie légèrement les électrodes
dans la substance cérébrale, »

Etudiant l'influence des anesthésiques, M. Marcacci
constate des faits déjà connus, il est vrai, mais qui de-
vraient le rendre plus réservé à l'égard de l'excitabilité de
la substance grise. Il dit, en effet, qu'à mesure que l'on
augmente la dose de chloral, les courants agissent de
moins en moins pour produire des mouvements, et qu'il
arrive enfin une période où l'on n'obtient plus du tout de
mouvements. En quoi cela prouve-t-il l'inexcitabilité
de la couche grise ?

M. Marcacci a fait une autre série d'expériences sur le
même sujet en abaissant la température des animaux « par
des procédés connus. » Quels que soient ces procédés sur
lesquels un mot d'explication serait assez utile, M. Marcacci dit que les résultats sont les mêmes que chez les animaux fortement anesthésiés. Reste à prouver cependant
que l'abaissement de température n'a pas d'action sur la
fonction des muscles et des conducteurs nerveux.

Relativement encore à l'excitabilité de la substance grise,

M. Marcacci émet des conclusions qui nous semblent dépasser de beaucoup ses prémisses, Par exemple, il coupe quatre des racines spinales de la patte postérieure : cela n'empêche pas les mouvements provoqués par l'électrisation
cérébrale, mais les mouvemeuts volontaires sont supprimés. M. Marcacci en déduit que « le courant électrique peut
provoquer les mouvemeuts dans un membre quand même
celui-ci est paralysé par la volonté » (par est peut-être là
au lieu de pour, ce qui serait plus intelligible). Mais cette
paralysie était-elle absolue ? Combien de temps a-t-elle
duré ?

D'autres expériences ont été faites par M. Marcacci,
en provoquant la paraplégie chez des chiens par la decompression atmosphérique rapide, et par la ligature des
grands troncs de la tête. De ces expériences, M. Marcacci
conclut que des membres paralysés pour la volonté, c'està-dire, ne réagissant pas sous l'influence de la volonté, se
contractent lors des excitations cérébrales !

Mais alors à quoi tient l'effet moteur des excitations cérébrales ? puisque la substance grise est inexcitable, puisque
la substance blanche elle-même ne réagit pas dans l'expérience faite par M. Marcacci sur l'influence du degré d'anesthésie ? Il est assez malaisé de comprendre M. Marcacci
sur ce point ; en réalité, du moment qu'il formule la conclusion suivante, il ne peut expliquer le fait en discussion
que par une diffusion des courants. « De ces expériences
résulte évidemment que, après deux heures de toute suppression de la circulation cérébrale, la vitalité fonctionnelle
du cerveau doit avoir disparu, et malgré cela les phénomènes de mouvement continuent. » En réalité, la vitalité
fonctionnnelle n'attend pas deux heures pour succomber
dans le cas d'une anémie cérébrale totale, mais laissant de

côté ce point, il est évident que les excitations cérébrales ne peuvent agir en pareil cas que par une diffusion des courants, soit jusqu'à la moelle, soit plus loin encore. Sur ce point, M. Marcacci reste muet, se bornant à tirer sa conclusion négative, relativement à l'excitabilité de la substance grise.

M. *Bochefontaine* ne saurait être considéré comme un partisan de l'excitabilité de l'écorce grise : à l'exemple de son éminent maître, M. Vulpian, il repousse cette théorie, pour des raisons qui ne laissent pas d'être sérieuses.

Une de ces principales raisons se trouve dans le déplacement des points excitables du cerveau. M. Bochefontaine trouve que l'excitation de l'écorce cérébrale est loin de produire invariablement le même effet, soit que l'on examine le résultat produit par cette excitation sur la sécrétion salivaire, soit qu'on l'examine encore au point de vue de la circulation sanguine ou les mouvements des membres.

Sans donner ici le détail de ces expériences auxquelles le lecteur pourra se reporter (1), voyons-en seulement le résumé. Voici une première expérience montrant qu'un point *donné* du gyrus sigmoïde, dont la faradisation, à six reprises différentes, a donné une salivation manifeste des glandes sous-maxillaires, peut cesser au bout d'un certain temps d'agir sur ces appareils salivaires lorsqu'il est de nouveau soumis à la même excitation. Elle prouve de plus que l'excitation d'un *autre* point est capable de produire le phénomène salivaire qui n'est plus déterminé par la faradisation du *premier* point.

(1) Voir Note sur le déplacement des points excitables du cerveau. Arch. de phys., 1883, p. 28.

Même chose à l'égard de la circulation sanguine : tels troubles provoqués pendant un certain temps par l'excitation d'une région déterminée cessent bientôt de répondre à cette excitation ; en revanche, d'autres points, jusque-là, impuissants à déterminer ces troubles, deviennent aptes à ce faire.

Même chose à l'égard des mouvements des membres, remarquée dès 1871 par M. Vulpian et constatée aussi par M. Couty.

Dans la première expérience faite par nous, expérience dont il n'a pas été tenu note, et qui avait pour but de nous familiariser avec le procédé opératoire, il nous semble avoir observé ce phénomène : M. Bochefontaine, qui assistait à l'expérience, le remarqua : c'est la seule fois que nous l'ayons observé, et les circonstances dans lesquelles il s'est produit nous échappent absolument. Depuis, nous avons maintes fois constaté l'inexcitabilité très nette, mais due alors à l'épuisement, au sommeil chloralique, mais jamais nous n'avons vu le déplacement des points excitables. Dans presque toutes nos expériences, nous avons ouvert le crâne de façon à tomber sur un seul et même centre, celui de la patte antérieure, et toujours nous l'avons trouvé au même point, sauf les quelques cas où nous avons eu affaire à un cerveau inexcitable. Expliquer ce déplacement des points excitables nous semble difficile. Il est un point dont il serait bon de s'assurer dès le début d'une expérience ayant pour but de rechercher ce déplacement : il faudrait, toutes conditions étant égales (même siccité de la surface cérébrale, même courant électrique, etc.), examiner dès le début si le même résultat ne peut pas être obtenu par l'excitation de plusieurs points différents. Evidemment, si cela était, on pourrait, non pas dire qu'il y a déplacement des points excitables, mais adopter l'explication proposée par M. Bochefontaine lui-même, consistant à admettre qu'un même faisceau blanc s'épanouit à la surface cérébrale dans plusieurs points plus ou moins distants les uns des autres, de substance grise.

Ceci expliquerait à là fois le phénomène constaté par M. Bochefontaine et les cas assez fréquents où un même symptôme limité peut s'observer à la suite de lésions de régions fort diverses du cerveau, aussi bien que les cas où une lésion cérébrale n'est accompagnée d'aucun symptôme spécial. Cette disposition anatomique constituerait à la théorie des suppléances cérébrales un substratum assez sérieux : il faudrait seulement admettre qu'entre les différents petits centres corticaux, il en est généralement un qui acquiert une influence plus considérable.

L'explication proposée par M. Bochefontaine ne portant pas atteinte à l'excitabilité de la substance grise, nous nous contenterons de l'avoir signalée, sans la discuter plus longuement.

Le même physiologiste a publié un nombre assez considérable de notes à la Société de biologie et à l'Institut, dans lesquelles il est question de divers phénomènes provoqués par l'excitation de l'écorce grise.

Dans l'une (1), il étudie l'influence des excitations du cerveau sur les sécrétions de la parotide et d'autres glandes ; dans deux notes présentées à l'Institut en 1876 (2), il montre que la faradisation du cerveau provoque une éléva-

(1) Société de Biologie, 1875, p. 345.
(2) Sur quelques phénomènes déterminés par la faradisation de l'écorce grise du cerveau. C. R., 1876, t. LXXXIII, p. 233.
Sur quelques particularités des mouvements réflexes déterminés par l'excitation mécanique de la dure-mère crânienne. C. R., 1876, t. LXXXIII, p. 597,

tion de la pression sanguine, un ralentissement du pouls, des contractions de la rate, de l'intestin, la dilatation de la pupille, etc., en un mot, un retentissement général sur l'organisme entier : il montre aussi les effets qui suivent l'irritation de la dure-mère, les manifestations de motilité et de sensibilité auxquelles cette irritation donne naissance.

M. *Couty* (1), professeur au museum de Rio-Janeiro, est un adversaire déterminé de la théorie de l'excitabilité de la substance grise. Les objections qu'il fait à la théorie sont les suivantes, si j'ai bien entendu le sens de ses divers importants travaux sur cette question. Je les résume principalement d'après sa récente publication : *Le cerveau moteur* (Arch. de Physiologie, 1er octobre 1883, p. 257 et 1er janvier 1884, p. 46.

1° Les réactions motrices d'origine corticale varient selon le degré de perfection des animaux : elles sont plus vives et constantes, et mieux localisées chez les animaux les plus élevés, ce qui est bien d'accord, du reste, avec les résultats obtenus par Flourens dans l'étude des fonctions des hémisphères cérébraux, et confirme l'importance croissante du cerveau lorsqu'on s'élève dans l'échelle des vertébrés.

2° La masse du cerveau ne variant cependant pas dans

(1) Voir : Le Cerveau moteur, oct. 1883, janvier 1884. Arch. de phys.
Sur les lésions corticales du cerveau, ibid. 1881, p. 487.
Six expériences d'excitation de l'écorce grise du cerveau sur le singe, 1879, p. 793.
Etude relative à l'influence de l'encéphale sur les muscles de la vie organique, etc., 1876, ibid., p. 665.
Sur la non excitabilité de l'écorce grise du cerveau. Comptes rendus, 1879, t. LXXXVIII, p. 604.
Sur le mécanisme des troubles moteurs produits par les excitations ou les lésions des circonvolutions du cerveau. Ibid., t. XLIII, p. 1152.

une même espèce selon le poids des muscles et des os, ou selon le poids du corps, « nous devons conclure que cet organe n'est pas en relation directe avec ces appareils ».

3° La doctrine des localisations cérébrales, qui n'est qu'une application de la doctrine de l'excitabilité de la substance grise, est formellement contredite par le déplacement des points excitables, tel que l'ont vu M. Couty et M. Bochefontaine : M. Couty diffère d'opinion d'avec M. Bochefontaine en ce qu'il n'admet pas qu'une réaction motrice impossible à reproduire par l'excitation d'un point cérébral dont l'électrisation l'avait déjà produite, se retrouve nécessairement par l'excitation d'un autre point quelconque du cerveau.

4° S'il y a des centres moteurs constants, tels que ceux des membres, il en est d'autres inconstants, le plus souvent totalement absents. Mais les centres constants n'ont pas une position fixe : ils varient dans leur topographie. C'est-à-dire que : la topographie des prétendus centres est variable ; il n'y a pas de rapport fixe entre le point excité et la nature des réactions motrices ; il n'y a pas de constance dans le nombre et la nature de ces mouvements.

5° Ce qui est vrai des effets des excitations, l'est encore, *mutatis mutandis*, des résultats des lésions expérimentales ou cliniques du cerveau. « L'irrégularité de la réponse motrice est donc la règle pour les animaux comme pour l'homme ».

6° Les lésions centrales (dilacérations capsulaires, nucléaires) déterminent des phénomènes analogues à ceux que produisent les lésions corticales.

7° Soutenir l'idée des centres moteurs circonvolutionnaires, c'est « implicitement admettre que les organes, dont les fonctions sont les plus parfaites et les plus compliquées, n'ont aucune fixité dans l'espèce et dans l'individu. »

8° L'hypothèse de l'excitabilité de la substance grise cérébrale a contre elle l'inexcitabilité, bien établie jusqu'ici, de cette même substance dans la moelle.

9° Même en admettant cette excitabilité de la substance grise du cerveau, la classification dès lors nécessaire, des mouvements, en cérébraux ou volontaires, et médullaires ou réflexes, soulève des difficultés ;

« Si elle était exacte, on ne comprendrait pas que les animaux inférieurs, poissons, grenouilles, lézards, poules, pigeons, rats, conservent intactes toutes leurs formes de mouvements après l'ablation de leurs hémisphères, et qu'ils perdent seulement la facilité de les exécuter spontanément, comme s'il manquait au mécanisme, resté le même, une explication primitive. Evidemment, si le cerveau commande directement certains mouvements plus difficiles, adaptés à un but voulu, sa destruction devra entraîner leur perte ». (Le cerveau moteur, p. 278.)

10° L'intégrité des prétendus centres n'est pas nécessaire, leur existence n'est pas indispensable à la production des mouvements qu'on leur attribue. (Expériences de MM. Vulpian, Putnam, Carville, Duret, Marcacci sur le cerveau anémié, cautérisé, abrasé, congelé ou anesthésié.)

« A moins de prétendre qu'une cellule paralysée fonctionnellement peut rester excitable expérimentalement, la persistance de la sensibilité corticale à l'électricité pendant toute la période où l'anesthésique paralyse isolément le cerveau est la preuve que cet excitant ne met en jeu aucune des parties actives de cet organe.

« Si les contractions consécutives aux électrisations cérébrales sont (elles aussi) produites par la mise en fonction de véritables centres psycho-moteurs, elles devront cesser en même temps que les autres mouvements compliqués ; or, au contraire, comme je l'ai vu avec M. de Lacerda, elles persistent sur des animaux curarisés qui ont perdu tous les mouvements adaptés et même la respiration.... » Ceci est vrai encore des résultats des lésions corticales.

11° Je n'ai jamais obtenu en électrisant le cerveau (*non anesthésié* sans doute, car M. Couty opère presque toujours dans ces conditions, et ne parle pas dans ce passage d'une exception à son habitude) de contraction unique ou multiple, ayant la forme des mouvements consécutifs à une idée ou à une émotion; comme aussi j'ai toujours vu dans les cas de lésion, les mouvements voulus par l'animal et adaptés à un but, être généralement le moins troublés ».

Nous n'avons cité ici que les principales objections posées par M. Couty, laissant de côté un certain nombre de détails. Elles ont une valeur considérable. M. Couty n'est pas un expérimentateur léger comme il y en a beaucoup : ses expériences sont très nombreuses et ont porté sur un nombre considérable d'espèces et d'animaux ; ses conclusions méritent d'être prise en sérieuse considération.

Toutefois, n'étudiant ici que des faits et laissant de côté les théories pour le moment, nous devons nous contenter de signaler ces dernières.

M. Couty a récemment montré (1) que l'alcool augmente légèrement l'excitabilité du cerveau : M. Danillo avait déjà partiellement indiqué le même fait.

(1) Société de Biologie, 1883, janvier.

CHAPITRE II.

TECHNIQUE PHYSIOLOGIQUE. — DISPOSITIF DES EXPÉRIENCES.

Bien que, à propos de chaque expérience citée, au cours de ce travail, les instruments employés soient toujours désignés avec grand soin, il y a lieu d'exposer ici, d'une façon générale, les procédés opératoires et la technique physiologique, dont il a été fait usage.

Chloralisation et mise à nu du cerveau. — L'animal est fixé par quatre cordes qui l'attachent sur la table d'opérations : il repose sur la face ventrale, les membres écartés et tendus : il est muselé. Pour l'endormir, on met à nu une veine saphène, généralement celle du côté gauche, si l'on veut inscrire les mouvements du côté droit et, réciproquement, celle du côté droit si l'emplacement dont on dispose est plus favorable à l'inscription des mouvements du côté gauche. Ayant toujours, pour diverses bonnes raisons, trouvé plus commode d'inscrire les mouvements des pattes du côté droit, j'ai toujours chloralisé par la veine saphène gauche. Cette opération n'est pas douloureuse pour l'animal, sauf parfois, les manœuvres nécessaires pour sortir la veine de la gaine aponévrotique où elle se trouve renfermée. Une fois mise à nu, sur deux ou trois centimètres de longueur, on la lie dans la partie périphérique de la plaie, la partie *distale;* on glisse une petite canule dans la partie située au-dessus, en la dirigeant vers le corps et on passe une ligature, fixant la canule dans la veine, autour de la veine même.

La solution de chloral employée était ainsi constituée : 100 grammes de chloral pour 400 grammes d'eau. La solution est injectée au moyen d'une seringue de Pravaz qui renferme environ un gramme de chloral.

Dans l'intervalle des injections, une petite aiguille est introduite dans la canule pour empêcher le reflux du sang ou de la solution.

Aussitôt l'opération terminée, on injecte le chloral; lentement, pour obtenir l'anesthésie. En général, d'après nos expériences, il faut de 25 à 35 ou 40 centigrammes de chloral par kilogramme de poids. Toutes choses égales d'ailleurs, il en faut proportionnellement moins pour un gros chien que pour un petit : d'ailleurs il y a à tenir compte de certaines idiosyncrasies: tel chien en veut plus, tel autre en veut moins. Les injections doivent se faire lentement, surtout les premières : avec une quantité variant de deux à quatre seringues, j'ai toujours obtenu le sommeil nécessaire, en deux ou trois minutes (chiens de 6 à 16 kilogrammes).

Quand le chloral est injecté trop vite, ou en doses trop massives, il peut se produire une syncope respiratoire plus ou moins prolongée. J'ai perdu de cette façon, malgré la respiration forcée et l'électrisation pratiquées aussitôt, deux chiens, dès le début de l'expérience. Les injections que l'on fait au cours de l'expérience, lorsque le réveil est trop avancé, doivent aussi se faire avec lenteur et précaution : en général, par dose de 50 centigrammes, quelquefois plus, si l'accoutumance est bien établie ; une fois établie, la tolérance est grande. J'ai vu tel chien, à la fin d'une expérience, ne succomber qu'à l'injection du neuvième gramme de chloral, les huit précédents n'ayant provoqué qu'une légère syncope respiratoire. Au début de l'expérience, trois ou quatre grammes injectés coup sur coup l'eussent certainement tué. Au reste, je le répète, l'action du chloral est très variable, par le fait même des idiosyncrasies des animaux : tel animal devient presque absolument inexcitable par le fait du chloral, alors que tel autre présente une excitabilité presque constante.

Ce n'est que par l'expérience personnelle que l'on arrive à pratiquer la chloralisation d'une façon rationnelle : les règles générales sont susceptibles d'une foule d'exceptions. Nous reviendrons plus loin sur l'action du chloral sur l'excitabilité cérébrale.

En général, après une injection variant de 2 à 4 grammes, l'animal s'endort en deux ou trois minutes. Ce sommeil doit être assez profond et la respiration doit s'exécuter sans efforts, sans secousses spasmodiques. Je me suis toujours efforcé d'obtenir, puis de conserver ce degré d'anesthésie, qui est le plus commode pour l'expérimentation. Quelquefois, cependant, on ne l'obtient que très difficilement. J'indique toujours au cours de mes expériences le degré de sommeil de l'animal, et toutes les fois que je note « injection de 50 centigrammes (ou 1 gramme) de chloral », c'est que le réveil est trop avancé à mon gré. J'ai donc toujours opéré sur des animaux *anesthésiés*, quoique à un degré variable ; mais même lorsqu'ils étaient le plus réveillés, ils eussent été incapables de se tenir debout, ou de faire un pas : leur réveil se manifestait par des gémissements, des mouvements de la tête, des membres, du corps, une respiration spasmodique. Tel chien est très aisément maintenu au degré voulu d'anesthésie, tel autre l'est très difficilement :

dans ce dernier cas on observe des variations énormes dans l'excitabilité : c'est là un fait sur lequel nous reviendrons plus loin.

Le chien étant endormi, et ayant été un peu surveillé pour prévenir tout effet fâcheux d'une syncope, on pose sa tête sur un billot, sans le détacher encore, on le démusèle, pour faciliter la respiration et on procède à la mise à nu du cerveau. Il est bon d'être deux pour cette opération. On commence par inciser la peau sur la ligne médiane, de la racine du nez à la nuque : on détache le muscle temporal au ras de son insertion sur le crâne. Tout ceci se fait en général sans hémorrhagie aucune. On incline alors la tête de l'animal, de façon à se qu'elle porte par le côté sur le billot. On peut, les os étant mis à nu, ou bien se servir du trépan, ou, ce qui est aisé et moins dangereux quand on en a l'habitude, se servir d'un marteau et d'un ciseau à froid avec lequel on détache une petite rondelle osseuse. Le trépan présente cet inconvénient que beaucoup de crânes sont conformés de telle sorte qu'ils ne se prêtent pas à l'emploi de cet instrument. Les os étant d'épaisseur très inégale, il peut arriver qu'en tel point ils soient entièrement sciés, et en tel autre, ne le soient qu'à moitié ou au tiers. Si l'on continue à tourner, le trépan entre dans le cerveau en provoquant une hémorrhagie considérable de la dure-mère et de la pie-mère. L'emploi du ciseau présente aussi des inconvénients, mais ils sont moindres : je n'ai eu qu'un seul cas de lésion cérébrale par pénétration de l'outil dans le tissu cérébral. Une première petite rondelle irrégulière étant enlevée, on complète l'opération au moyen de pinces coupantes, et on dénude la portion du crâne correspondant au gyrus sigmoïde. Il faut approcher assez près de la ligne médiane, pour bien découvrir la portion du gyrus

renfermant le centre moteur de la patte antérieure. Cette
opération s'accompagne en général d'une hémorrhagie plus
ou moins considérable : cela dépend beaucoup de l'animal :
tel saigne énormément, tel autre presque pas. Ceci fait, le
cerveau se montre revêtu de sa dure-mère, animé de pulsations dues à la systole du cœur. On arrête l'hémorrhagie par des tampons, ou des bandes minces d'amadou, on
essuye délicatement la dure-mère, on l'incise avec précaution en rabattant les lambeaux sur les bords de l'os, ou
bien on les excise. En général, cette opération s'accompagne de peu d'hémorrhagie. Ceci fait, après avoir bien constaté que la région voulue est mise à découvert, on laisse
reposer l'animal, en rabattant la peau sur la plaie, et en
la maintenant avec une pince ou une serre-fine. Toute
l'opération dure de dix minutes à une demi-heure, selon
les difficultés, selon la dureté des os du crâne, selon les
complications, telles qu'hémorrhagie, syncope, etc.

Il est en général nécessaire à ce moment de donner un
peu de chloral, l'animal étant en voie de réveil.

Le plus souvent, avant de laisser reposer l'animal on
s'assure de l'excitabilité des points mis à nu : il est bon de
noter le courant minimum nécessaire pour provoquer une
réaction.

Appareils mécaniques : cylindre régulateur.

Sur une table à côté de celle où se trouve l'animal en expérience sont disposés divers appareils mécaniques nécessaires à l'étude de la question qui nous intéresse.

Tout d'abord un cylindre muni d'un régulateur, sur lequel se trouve le papier noirci destiné à recueillir le tracé
graphique. Je dois avouer que le cylindre employé par moi
n'avait rien de régulier dans ses mouvements, sa rotation
étant beaucoup plus vive à la fin qu'au commencement.

Ceci est de médiocre importance, le nombre des vibrations du diapason inscrites sur une longueur donnée étant proportionnel (en sens inverse) à la vitesse du cylindre. Il est bon d'organiser un petit appareil qui puisse arrêter le cylindre, une fois le tracé pris, sans qu'on ait à s'en occuper, et sans qu'une négligence risque de faire inscrire la fin d'un tracé sur le commencement du même tracé. De cette façon une fois le cylindre mis en mouvement on n'a pas à s'occuper de son arrêt qui est automatique.

En général les régulateurs présentent trois axes, animés, l'un d'un mouvement lent, l'autre d'un mouvement plus rapide, le dernier d'un mouvement plus rapide encore. C'est ce dernier qu'il faut employer, surtout avec des diapasons donnant le centième de seconde : avec le diapason donnant le cinquantième de seconde, le mouvement demi-rapide suffit amplement.

Il faut avoir deux ou trois cylindres de rechange, préparés d'avance, c'est-à-dire garnis de papier enfumé, et remplacés à mesure qu'ils sont utilisés, afin d'être toujours prêt à enregistrer un ou plusieurs tracés en succession rapide. Chaque tracé doit avoir un numéro d'ordre, et le moment où il a été pris, noté avec soin sur le registre d'expériences, en même temps que les circonstances accessoires de l'expérience, non reconnaissables sur le tracé même, telles que l'heure, et l'intensité du courant : on vernit ensuite le tracé selon les procédés habituels.

Appareils chronographiques: diapason, signal de Desprez. — Pour mesurer une période latente et connaître ses variations, il faut d'abord connaître exactement à quel moment une excitation a été produite, puis combien de temps s'est écoulé entre le moment où cette excitation s'est produite, et celui où la réaction s'est manifestée.

Pour savoir à quel moment l'excitation passe dans les électrodes aboutissant au cerveau, nous avons employé le signal magnéto-électrique de Desprez, intercalé sur le courant inducteur. Le style de cet appareil occupe une position différente, selon que le courant passe ou ne passe pas.

Pour mesurer le temps écoulé, nous avons employé un diapason donnant 100 vibrations doubles par seconde, et dont la pointe vibrante se trouve poser légèrement sur le cylindre, sur la même ligne que les autres appareils (Desprez et tambour de Marey). Le signal Desprez marque donc chaque interruption et chaque passage du courant (produits par un interrupteur ou une clef de Dubois-Reymond) et le diapason inscrit automatiquement le temps en centièmes de secondes. Inutile d'insister plus longuement sur ces appareils : on trouvera ailleurs tous les détails qui s'y rapportent (1), notamment dans l'excellent travail de MM. François Franck et Pitres.

Appareils enregistreurs et inscripteurs : tambours conjugués de Marey ; contact électrique. — Nous n'avons pas à donner ici la description des tambours de Marey : ils sont trop connus pour qu'il y ait à en parler avec détail. L'un d'eux, à levier, sert à enregistrer les mouvements du membre ou du muscle en expérience ; l'autre, à plume, sert à les inscrire sur le cylindre enregistreur, tous deux sont unis par un tube de caoutchouc. Si l'on veut inscrire les mouvements des deux membres : il faut quatre tambours.

Le tambour enregistreur est relié par un cordonnet so-

(1) Voyez : Marey. La Méthode graphique.
    Fr. Franck et Pitres. Recherches graphiques, etc. In Trav. du Lab. de Marey, 1878-1879.

lide à la patte ou au muscle (1) dont on explore les mouvements, et ce cordonnet est convenablement tendu.

Ayant utilisé sur les mouvements de la patte et non du
muscle, nous avons toujours donné à la patte une rigidité
artificielle, au moyen d'un petit tuteur en bois, destiné à
prévenir les erreurs pouvant provenir d'une tension différente de l'un des tambours, par suite d'une flexion de la
main sur l'avant-bras, par exemple. Il est indispensable de
tendre convenablement le cordonnet et de vérifier souvent
la tension des tambours. Dans ces conditions, en vérifiant
souvent l'état des choses, on peut être assuré qu'au cours
d'une même expérience, l'état des appareils enregistreurs
est le même et que les erreurs dues à la variabilité de
ceux-ci sont insignifiantes. Mais cette vérification de tous
les moments est importante, même dans la constatation de
valeurs relatives. Cette question a, du reste, été étudiée par
un physiologiste américain, J.-J. Putnam (2). Cet auteur
a trouvé que les erreurs de lecture ou d'appréciation personnelle, combinées avec celles qui sont dues à la faible
tension des tambours, ne dépassent pas *six* millièmes de
seconde et que, d'une façon générale, en opérant dans de
bonnes conditions, les renseignements fournis par les tambours sont exacts à *un* ou *deux* millièmes près.

Pour ce qui est du contact, on n'a qu'à se reporter au
travail de Bubnoff et Heidenhain analysé plus haut.

Appareils relatifs à l'électricité : piles, bobines d'induction, clef de Dubois-Reymond ; interrupteur Trouvé). —
Les piles employées ont été de deux sortes : les unes étaient

(1) Pour les opérations de la mise à nu et de la préparation du muscle, voyez
Fr. Franck et Pitres. Trav. du lab. de Marey, 1878-1879, p. 420-422.

(2) On the Reliability of Marey's Tambour in experiments requir ing accurate
notations of time. Journal of Physiology, t. 11, 1879-1880, p. 209.

des piles Grenet au bichromate de potasse (charbon et zinc);
les autres, des piles Leclanché.

Tantôt nous en avons employé une seule quand elle était
récemment chargée ; d'autres fois deux, quelquefois même
trois quand elles étaient épuisées. Les unes et les autres
étaient de moyen modèle.

Le courant était conduit à un appareil à chariot de Dubois-Reymond, dont on avait serré les vis de réglage, afin
de supprimer les interruptions : le courant employé pour
exciter le cerveau était celui de la bobine induite, fixée à
une distance variable du 0. La graduation est en centimètres : à 0 toute la bobine inductrice est recouverte par la
bobine induite; à 10 la bobine inductrice est entièrement à
découvert.

Les courants induits à 0 étaient généralement très aisément supportables au doigt (les courants de rupture, bien
entendu, ceux de clôture étant inappréciables, sauf dans le
cas d'emploi de piles fortes ou nombreuses).

Pour remplacer le trembleur ou interrupteur, j'ai eu re-
cours à deux appareils. l'un est la clef de Dubois-Reymond ; l'autre est l'interrupteur Trouvé, donnant automatiquement de une à vingt interruptions par seconde, selon
le gré de l'expérimentateur.

Les appareils étant connus, il convient de dire comment
ils étaient disposés.

Le courant de pile ne va pas directement à la bobine inductrice : un des fils conduit à la clef ou à l'interrupteur ;
de ce dernier appareil part un second fil allant a un signal Desprez, et de ce signal Desprez part un troisième fil,
allant à la bobine inductrice. L'autre fil part de la pile, va
directement à la même bobine. Ceci revient à dire que sur
le courant inducteur nous intercalons un appareil inter-

rupteur, et un signal Desprez, Chaque passage et chaque interruption du courant inducteur se trouvent ainsi signalés par la position que prend le style du signal Desprez.

Le cylindre étant au repos, on dispose sur un même support horizontal (le cylindre étant lui-même aussi horizontal) un tambour inscripteur, muni de sa plume; un signal Desprez, en relation avec le courant inducteur; un autre signal, en relation avec le contact électrique destiné à signaler la production d'un mouvement de la patte; un diapason à 100 V-D par seconde. On dispose des appareils l'un à côté de l'autre, de façon à ce qu'ils ne se gênent pas mutuellement, on en règle la longueur, de façon à ce que l'extrémité traçante de chacune d'eux se trouve sur une même ligne parallèle au grand axe du cylindre, et de façon à ce qu'elles soient aussi parallèles entre elles. Avant chaque expérience, il faut vérifier avec soin que toutes les extrémités traçantes aboutissent exactement à une même ligne; il est même bon de le vérifier souvent, au cours d'une même expérience.

Le parallélisme des pointes entre elles est indispensable, surtout en ce qui concerne les styles des tambours inscripteurs : du reste on y arrive aisément, en manœuvrant un petit levier destiné à faire prendre à la plume la direction voulue, sans toucher aux tambours, ni au tube qui les unit

Nous avons donc, touchant le papier enfumé, et devant y laisser un trait quand le cylindre tournera :

Un diapason, qui nous donne la mesure du temps;

Un signal qui marque le moment où passe et ou s'interrompt le courant;

Un autre signal qui indique avec précision le moment où commence le mouvement de la patte en expérience :

Crosnier de Varigny.   5

Un style inscripteur qui marque le moment où la patte se meut, et avec quelle amplitude.

Pour faire une expérience, on rapproche le chien du bord de la table, on laisse pendre librement la patte dont on veut enregistrer les mouvements; on la rend rigide en fixant sur elle un petit tuteur, on y attache le cordonnet qui la reliera au tambour enregistreur, on le tend au degré voulu; on s'assure que le contact électrique fonctionne bien. On fait passer le courant dans les appareils et la bobine inductrice, on tient les électrodes toutes prêtes (1); on met le diapason en vibration, on laisse partir le cylindre, et d'une main on tient les électrodes appliqués sur la surface cérébrale, tandis que de l'autre on interrompt et on ferme alternativement le courant au moyen de la clef de Dubois-Reymond. Le cylindre s'arrête automatiquement quand il a achevé son tour, qui dure six ou sept secondes.

Avant de faire une expérience on essuie doucement la surface cérébrale, pour enlever le sang, le liquide céphalorachidien, qui feraient diffuser le courant. Entre deux expériences il est bon de recouvrir la plaie avec la peau; et pour ralentir le refroidissement dû à l'action du chloral, de l'immobilité, et de la blessure, on peut recouvrir l'animal d'une couverture quelconque.

Inutile d'ajouter que tout phénomène relatif à l'expérience doit être inscrit avec soin sur le registre d'expériences, avec notation de l'heure.

Il est enfin bon de signaler qu'il ne faut pas envoyer les excitations trop à la file les unes des autres; il faut

---

(1) A moins que, comme l'ont fait Fr. Franck et Pitres, elles ne soent fixées à demeure sur le crâne, au moyen d'un petit support.

laisser un certain intervalle, de façon à ce que la patte ait le temps de revenir au repos : sans cette précaution, une excitation peut survenir pendant que la patte est encore en mouvement, et alors le second mouvement ne s'inscrit qu'avec beaucoup de retard (1).

Lecture des tracés obtenus. — La lecture se fait d'une façon très simple. On emploie à cet effet un instrument rappelant le calibreur des mécaniciens composé d'une tige d'acier, au bout de laquelle est fixée une seconde tige, fixe, et perpendiculaire à la première. La première tige en porte encore une autre, parallèle à la seconde, non plus fixe, mais mobile : on amène l'une des deux tiges parallèles sur le point du tracé du signal qui indique la rupture du courant inducteur : on amène la seconde tige au point du tracé des mouvements correspondant au mouvement provoqué et on lit le nombre de vibrations doubles et simples comprises entre les deux branches.

Il est cependant, dans certains cas, surtout si la rotation du cylindre est rapide, malaisé de déterminer en quel point du tracé des mouvements commence réellement un mouvement. C'est là l'erreur d'appréciation personnelle dont nous parlions plus haut : mais il est facile de rectifier cette erreur en employant le contact électrique en même temps que les tambours conjugués.

En n'utilisant que la vitesse moyenne du cylindre, on arrive évidemment à réduire l'erreur, mais alors la lecture des vibrations est plus difficile. Ce qui est préférable, c'est l'utilisation de la vitesse maxima du cylindre, avec l'emploi du signal électrique et des tambours conjugués, simultanément.

(1) Voyez par exemple la lecture du tracé E 1 et E 2 de l'expérience XVI.

CHAPITRE III

I. — Action sur l'excitabilité de l'écorce cérébrale.
II. — Action sur la durée de la période d'excitation latente.

Après avoir expliqué le *modus faciendi* adopté dans nos expériences, nous avons à considérer ce qui fait véritablement l'objet de nos recherches et à exposer les résultats que nous avons obtenus.

La première question qui se pose est celle de l'influence du chloral :

1° Sur l'excitabilité absolue de l'écorce cérébrale;

2° Sur la durée de la période latente cérébrale; cette période étant relevée avant et après une injection de chloral nécessitée par le réveil de l'animal en expérience.

Ainsi que nous l'avons déjà dit, le chloral doit se donner à petites doses, avec lenteur et précaution, pour éviter les syncopes respiratoires (je n'ai jamais observé l'arrêt primitif du cœur comme cause de mort dans les syncopes chloraliques).

Action sur l'excitabilité absolue de l'écorce cérébrale. — J'ai pu observer quelques cas dans lesquels le chloral supprimait pendant un temps fort long l'excitabilité aux courants d'intensité moyenne, tels que ceux que j'em-

ploie habituellement. Voici le résumé d'une expérience de
de ce genre :

EXPÉRIENCE VII (9 janvier 1884). — Chien poil ras, adulte, très vif,
vigoureux, en bon état.

Mise à nu du cerveau gauche : Je trouve de suite le centre moteur
dans la patte antérieure (bobine à 5, avec une interruption par seconde).
Mais, à partir de ce moment, jusqu'à 4 heures, c'est-à-dire, pendant
deux heures entières, impossible d'obtenir un mouvement, en maintenant l'animal au minimum d'anesthésie, et en me servant de courants
assez forts (2 piles Grenet ; bobine à 0 ; 20 int. par seconde).

Ce cas est le seul que j'aie observé sur trente-cinq expériences (sauf pourtant deux cas où j'ai opéré sur des nouveau-nés, et où je ne m'attendais pas à constater d'excitabilité, même sans sommeil chloralique) et on peut le
regarder comme rare. Cependant, il pourrait peut-être
rentrer dans la catégorie des cas qui vont suivre, car le
cerveau aurait peut-être été excitable si j'avais employé
des courants un peu plus forts. Ne les ayant pas employés,
je ne puis affirmer que l'inexcitabilité fut *absolue* (1).

Il arrive très souvent, au cours d'une expérience qui
marche parfaitement bien, que l'excitabilité du cerveau
disparaisse après une injection de chloral, c'est-à-dire
que l'excitation (peu intense) qui agissait auparavant cesse
d'agir : si l'on renforce le courant, en poussant la bobine
à 0, on n'obtient encore rien. Mais si, au lieu d'interrompre
le courant, c'est-à-dire d'exciter une fois toutes les deux
ou trois secondes, on envoie 3, 4, 10, 20 interruptions par
seconde, il arrive que la même intensité de courant, ou

(1) J'ai observé deux cas d'inexcitabilité du cerveau, où le chloral n'était
pour rien : il y avait des hémorrhagies cérébrales, analogues à celles que dé-
crivent Fr. Franck et Pitres, dans leurs Rech. exp. et crit. sur les convulsions, etc. Arch. de phys., 1883.

même une intensité moindre, agit parfaitement. En voici quelques exemples :

EXPÉRIENCE XIX (15 février 1884). - Chien jeune, poil ras, pesant environ 7 ou 8 kilogr., en bon état.

1 h. 30. 1 gr. 50 de chloral.

1 h. 35. 50 centigr.

1 h. 40. 50 centigr.

Mise à nu du cerveau gauche, commencée à 1 h. 37, achevée à 1 h. 50.

Hémorrhagie presque nulle.

Dispositif. — Deux piles (épuisées) au bichromate de potasse. Signal Desprez. Clef et interrupteur Trouvé.

2 heures. Premières excitations. L'excitabilité est à 4,5 pour 1 interruption par seconde ; à 9 pour 20 interruptions.

A 2 h. 2 et 2 h. 8, je prends un tracé des retards ; l'animal est passablement réveillé, il fait des mouvements spontanés, et je ne puis lui prendre que deux retards : l'un de 8 centièmes, l'autre de 11 centièmes de seconde; encore ce dernier est-il vicié par les mouvements spontanés.

2 h. 12. Excitabilité à 7, pour 1 interruption.

2 h. 14. 50 centigr. chloral.

2 h. 19. Excitabilité faible à 0, avec 1 interruption ; faible à 3, avec 20 interruptions, forte de 3 à 0, avec 20 interruptions.

2 h. 25. Excitabilité nulle à 0, avec 1 interruption ; elle existe à 6, avec 20 interruptions.

2 h. 27. Excitabilité nulle à 0, avec 1 interruption ; cependant chaque excitation exerce une influence accélératrice très évidente sur la respiration.

2 h. 30. Excitabilité à 0 et 1 interruption, mais irrégulière; pour une excitation qui agit, il y en a deux ou trois qui n'agissent pas.

2 h. 33. Même état.

2 h. 40. Excitabilité à 4, avec 1 interruption ; mais le réveil est si avancé que les tracés sont illisibles à cause des mouvements spontanés.

2 h. 44. Excitabilité à 4, encore avec 1 interruption.

2 h. 46. 50 centigr. de chloral.

2 h. 49. Excitabilité nulle à 0, avec 1 interruption ; existe à 4, avec 20 interruptions.

2 h. 52. Excitabilité nulle à 0, avec 20 interruptions aussi bien qu'avec une seule : cependant l'action sur la respiration est des plus évidentes.

2 h. 58. Même état.

3 h. 4. Rien à 0, avec 1 interruption : avec 20 interruptions, il y a quelque excitabilité vers 2 ou 3.

3 h. 10. L'excitabilité avec 1 interruption commence vers 2 ou 3; très irrégulière.

3 h. 19. Même état : réveil avancé.

3 h. 22. 50 centigr. chloral.

3 h. 26. Excitabilité nulle à 0, avec 1 interruption.

3 h. 37. Excitabilité nulle à 0, avec 20 interruptions, comme avec une seule.

3 h. 50. Même inexcitabilité.

4 h. 8. Même état.

4 h. 10. Je termine l'expérience.

On voit ici un exemple d'excitabilité facile à obtenir au début de l'expérience, devenant plus difficile et nécessitant des interruptions plus fréquentes, puis des intensités de courant plus considérables ; puis enfin, disparaissent d'une façon absolue, tout au moins étant donnés les instruments dont je dispose.

Voici encore un exemple du même fait.

Expérience XXV (3 mars 1884). — Chien terrier jeune, pesant environ 13 kilogr., en bon état, doux et calme.

1 h. 25-28. 3 grammes chloral.

1 h. 30. 1 gramme.

Opération de la mise à nu du cerveau gauche, commencée à 1 h. 30, achevée à 1 h. 40.

Passablement d'hémorrhagie; un sinus a été blessé.

1 h. 58. 1 gr. chloral.

2 h. 8. 1 gr. chloral.

Dispositif. 2 piles Gaiffe ; interrupteur Trouvé; signal Desprez. Diapason = 100 V. D. par seconde. Chariot Du Bois-Reymond.

2 h. 17. Inexcitabilité absolue de l'écorce cérébrale à 0, avec *une* interruption par seconde. Avec 20 interruptions, les centres des pattes antérieure et postérieure sont très nettement excitables à partir de 3,5 du chariot.

2 h. 25. Pendant un moment, le centre de la patte postérieure est excitable à 0, avec *une* interruption par seconde : celui de la patte antérieure ne l'est pas.

2 h. 30. Réveil assez avancé : *un* gramme de chloral.

2 h. 32. Les deux centres sont excitables à 6,5, avec 20 interruptions : ils ne le sont pas même à 0, avec *une* interruption.

2 h. 36. Inexcitabilité absolue des deux centres, à 0, même avec 20 interruptions.

2 h. 55. L'excitabilité existe avec 20 interruptions à 5 du chariot. Elle est nulle, même à 0, avec *une* interruption.

3 h. 17. La patte postérieure s'agite d'une façon rythmique lorsque j'en excite le centre, avec 20 interruptions, à 9 du chariot.

3 h. 19. 50 centigr. chloral.

3 h. 30. Après de nombreuses excitations inefficaces (même à 0), avec une interruption par seconde, pensant que les piles sont épuisées, je charge deux piles au bichromate de potasse, avec du liquide fait depuis quelques jours. Aucun résultat avec une interruption : avec 20 interruptions l'excitabilité existe à partir de 8 du chariot.

Après de nombreuses tentatives continuées pendant plus d'une heure, je cesse l'expérience, n'obtenant aucun résultat.

Les expériences que nous venons de rapporter jointes à d'autres qui sont citées plus loin permettent d'établir quatre ou plutôt trois catégories de faits.

L'action du chloral sur l'excitabilité nettement constatée de l'écorce cérébrale peut être assez intense pour faire disparaître cette excitabilité, même si l'on essaye de la réveiller au moyen de courants plus forts et d'excitations fréquemment renouvelées. Nous avons vu plus haut, par exemple, qu'un cerveau sensible au courant 5 de la bobine avec 1 interruption par seconde est devenu, par le chloral, insensible à un courant 0, avec 20 interruptions, c'est-à-dire au maximum de l'intensité que peuvent fournir les instruments employés. Est-ce à dire que d'autres instruments ne permettraient pas d'obtenir un effet ? Je n'en suis pas assuré. Aussi, ferai-je rentrer ce cas dans la catégorie de faits suivants (n° 1) : je ne le cite qu'à titre de cas plus prononcé que d'autres, n'étant pas persuadé qu'il constitue une catégorie à part.

1° *L'action du chloral sur l'excitabilité cérébrale peut être telle qu'il faille, par rapport à la dernière intensité reconnue efficace, un courant d'intensité plus grande, et des excitations plus fréquemment répétées, pour obtenir la réaction précédemment obtenue.*

Voyez par exemple l'Expérience XVI (1) : à 3 h. 10 l'excitabilité existe à 7, avec 1 interruption; à 3 h. 12, je donne 1 gramme de chloral; à 3 h. 14, inexcitabilité absolue, même à 0 : cet état persiste jusqu'à 3 h. 22, moment où je le vérifie encore, et où je vois que pour obtenir une réaction, il faut envoyer 20 excitations par seconde. Il a donc fallu augmenter l'intensité du courant et le nombre des excitations par seconde.

2° L'action du chloral peut être moindre que dans le cas précédent : *il peut suffire d'augmenter simplement le nombre des excitations, en opérant avec l'intensité qui était efficace auparavant, ou même avec une intensité moindre.*

Je citerai comme exemple l'Expérience XIX rapportée plus haut : on y voit que (à 2 h. 25) l'excitabilité est nulle à 0 avec 1 interruption; elle existe, au contraire, à 6 avec 20 interruptions ; à plus forte raison encore à 0 avec 20 interruptions (2).

3° L'action du chloral peut être moindre encore : dans ce cas, pour obtenir une réaction déterminée (la même qu'avant l'injection d'une dose nouvelle), *il suffit d'augmenter l'intensité du courant, sans augmenter le nombre des excitations.*

Ceci est un fait d'observation quotidienne.

En voici deux exemples, entre beaucoup d'autres, le second (Exp. XVIII) est assez net.

(1) Page 88. Voyez aussi Exp. XX, 3 h 26 — 3 h. 56. p. 72.
(2) Voy. exp. XXV, p. 70.

EXPÉRIENCE XX (16 février 1884). — Jeune chien, poil ras, bâtard de bull, pesant environ 8 kilogrammes, en très bon état.

1 h, 4. Injection de 1 gramme chloral.

1 h. 6. Injection de 1 gramme chloral.

Opération commencée à 1 heure 8. Mise à nu du cerveau gauche, achevée à 1 heure 30. Hémorrhagie très faible, tant des os que de la dure-mère.

1 h. 30. Début de réveil : Injection de 50 centigr. chloral.

Dispositif. — Deux piles Gaiffe, signal Desprez, clef de Du Bois-Reymond et interrupteur Trouvé sur le trajet du courant inducteur. Appareil à chariot de Du Bois-Reymond, gradué en centimètres.

Diapason à 100 V. D. par seconde. Inscription des mouvements par les deux tambours de Marey qui ont servi à toute la durée des expériences. C'est le mouvement de la patte antérieure droite qui est inscrit.

1 h. 33. Premières excitations du cerveau. L'excitabilité existe à partir de 6,5 du chariot avec une interruption par seconde.

1 h. 35. Tracé XX, A1. Bobine à 5.

Valeur des retards :

1re Excitation 7,5 centièmes de seconde.

2e	—	7,5	—	—	
3e	—	7,5	—	—	
4e	—	7,5	—	—	Moyenne : 7,5.

1 h. 38. Tracé XX. A2. Bobine à 5.

Valeur des retards :

1re Excitation 6,5 centièmes de seconde.

2e	—	7,5	—	—	
3e	—	8,0	—	—	
4e	—	7,5	—	—	
5e	—	7,5	—	—	Moyenne : 7,4.

1 h. 47. *Excitabilité à 9 du chariot.*

1 h. 48. Tracé XX. B1. Bobine à 7.

Valeur des retards :

1re Excitation 7,5 centièmes de seconde.

2e	—	8,0	—	—	
3e	—	7,5	—	—	
4e	—	7,5	—	—	Moyenne : 7,6.

1 h. 52. *75 centigrammes de chloral.*

1 h. 54. *Excitabilité à 3,5 du chariot.*

1 h. 58. *L'excitabilité n'a plus lieu qu'à 0 du chariot (avec une seule excitation par seconde, toujours) et les mouvements sont faibles.*

1 h. 59. Tracé XX. B2. Bobine à 0. Int. à 1,

    Valeur des retards :

    1re Excitation 6,5 centièmes de seconde.

    2e —   7,5   —   —

    3e —   7,0   —   —

    4e —   9,0   —   —   Moyenne : 7,5,

2 h. 9. Excitabilité à 8 du chariot.

2 h. 10. Tracé XX. C1. Bobine à 5. Mouvements vifs et vigoureux,

    Valeur des retards :

    1re Excitation 7,5 centièmes de seconde.

    2e —   8,5   —   —

    3e —   8,0   —   —

    4e —   8,5   —   —   Moyenne : 8,1.

2 h. 17. *Excitabilité à 9 du chariot.*

2 h. 18. Tracé XX. C2. Bobine à 7. Int. à 1. Mouvements forts,

    Valeur des retards :

    1re Excitation 7,0 centièmes de seconde.

    2e —   7,0   —   —

    3e —   7,0   —   —

    4e —   6,5   —   —

    5e —   8,0   —   —   Moyenne : 7,1.

2 h. 20. Le réveil est très avancé; *injection de 75 centigrammes de chloral.*

2 h. 21. *Excitabilité à 7,5 du chariot.*

2 h. 25. *Excitabilité à 0, mais très faible.*

2 h. 26. Tracé XX. D1. Bobine à 0. Mouvements très faibles, dont un seul est mesurable : il donne 10,0 centièmes de seconde de retard.

2 h. 32. Excitabilité à 1, mais faible.

2 h. 33. Tracé XX. D2. Bobine à 0. Mouvements très faibles, dont un seul est mensurable : il donne 8,0 centièmes de seconde de retard.

2 h. 40. Excitabilité à 3 du chariot.

2 h. 50. *Excitabilité à 9.*

2 h. 51. Réveil assez avancé.

3 h. 75 *centigrammes de chloral.*

3 h. 1. *Excitabilité à 6 du chariot.*

3 h. 2. *Même excitabilité.*

3 h. 3. *Excitabilité à 3,5.*

3 h. 4. *Excitabilité à 3.*

3 h. 4. Tracé XX. F1. Bobine à 3.

Les retards sont malheureusement impossibles à mesurer, les vibrations du diapason étant illisibles.

3 h. 5. *Excitabilité à 3.*

3 h. 6. *Excitabilité à 2,5.*

3 h. 8. *Inexcitabilité absolue, même à 0.*

3 h. 12. Léger retour de l'excitabilité à 0.

3 h. 16. Excitabilité à 3.

3 h. 16. Tracé XX. F2. Illisible pour les mêmes raisons que le précédent.

3 h. 26. *Excitabilité à 8.*

3 h. 41. *Injection de 75 centigrammes de chloral.*

3 h. 42. *Excitabilité à 6,5 du chariot.*

3 h. 45. Excitabilité nulle, même à 0.

3 h. 50. Même état.

3 h. 56. Même état, mais avec 20 interruptions par seconde, j'obtiens des mouvements.

4 h. 1. Excitabilité nulle à 0, avec *une* interruption par seconde.

4 h. 5. Même état.

4 h. 12. L'excitabilité existe à 0, avec une interruption par seconde.

4 h. 22. Excitabilité à 3,5.

4 h. 31. Excitabilité à 7.

4 h. 31. Tracé XX L1. Bobine à 5. Interrupteur à 1.

Valeur des retards.

1re Excitation 11,5 centièmes de seconde.

 2e — 10,5 — —

 3e — 9,0 — —

4 h. 40. Excitabilité à 7 du chariot.

4 h. 41. Tracé XX L2. Bobine à 7. Interrupteur à 1. Mouvements forts.

Valeur des retards.

1re Excitation 8,0 centièmes de seconde.

 2e — 8,5 — —

 3e — 8,5 — —

 4e — 7,5 — —

 5e — 9,0 — —   Moyenne : 8,3.

4. h. 50. Excitabilité à 8,5 du chariot.

4. h. 51. Tracé XX M1. Bobine à 7.

Valeur des retards.

1re Excitation 7,5 centièmes de seconde.

 2e — 8,5 — —

 3e — 9,0 — —

 4e — 8,5 — —

 5e — 8,0 — —   Moyenne : 8,3.

5 heures. Inexcitabilité absolue, même à 0, due sans doute à un état de fatigue : elle disparaît vers 5 h. 5.

5 h. 5. Injection de 75 centigrames de chloral, le réveil étant déjà avancé.

Inexcitabilité absolue jusqu'à 5 h. 45, moment où l'animal meurt par arrêt graduel de la respiration, sans réveil, et sans avoir reçu de chloral depuis 5 h. 15. Evidemnent l'animal est épuisé, de là l'inexcitabilité qui commençait déjà à 5 heures et qui avait disparu quelques instants.

EXPÉRIENCE XVIII. 11 février 1884. Chien de chasse vigoureux, très vif, en excellent état. Se débat énergiquement lorsqu'on le fixe sur la table. Poids : 16 kilog. environ.

On lui donne successivement :

A 1 h. 35 : 1 gramme chloral.

A 1 h. 37 : 2 — —

A 1 h. 38 : 0 gr. 50 —

L'opération est commencée à 1 h. 50, l'animal étant bien endormi. Mise à nu du gyrus du côté gauche. Hémorrhagie très peu considérable des muscles et os, presque nulle de la dure-mère.

On donne encore :

A 1 h. 45 : 0 gr. 50 de chloral.

A 2 h. 5 : 0 gr. 75. (Quelques gémissements.)

L'opération est achevée à 2 h. 10.

Dispositif. — Deux piles accouplées au bichromate de potasse, grand et moyen modèles. Signal Desprez, clef de Du Bois-Reymond et interrupteur de Trouvé disposés sur le courant inducteur. Diapason à 100 vibrations doubles par seconde. Chariot de Du Bois-Reymond, à graduation en centimètres.

Première excitation à 2 h. 18. Le centre moyen de la patte antérieure droite est bien mis à découvert. Le courant est efficace à partir de 3 du chariot.

Le mouvement inscrit est le mouvent de flexion de la patte.

2 h. 20. Tracé XVIII A1 et A2. Bobine à 3.

Les retards se décomposent ainsi :

A1 1re Excitation 7,5 centièmes de seconde.

    2e — 6,5 — —

    3e — 6,7 — —

Interrupteur à 1.

A2 1re Excitation 6,0 — —

    2e — 8,5 — —

    3e — 8,5 — — Moyenne : 7,3.

2 h. 22. L'excitabilité commence à 7,5 du chariot.

Repos de 2 h. 22 à 2 h. 29.

2 h. 29. Excitabilité à partir de 10 du chariot.

2 h. 31. Tracé XVIII B1 et B2. (Nuls ; illisibles par suite de négligence.) *La bobine était à* 9, et les mouvements étaient fort nets.

L'animal étant presque entièrement réveillé, j'injecte 1 gramme de chloral (2 h. 35).

2 h. 37. *Excitabilité à* 8 (bien que l'animal dorme déjà très tranquillement).

2 h. 40. Tracé XVIII C1. Bobine à 7.

Retards pour la

1re Excitation 6,0 centièmes de seconde.

2e	—	7,0	—	—
3e	—	7,0	—	—
4e	—	7,0	—	—	Moyenne : 6,7.

2 h. 46. Excitabilité à 9.

2 h. 47. Tracé XVIII C2. Bobine à 7.

La lecture du tracé donne pour valeur des retards :

1re Excitation 7,5 centièmes de seconde.

2e	—	7,0	—	—
3e	—	7,5	—	—
4e	—	8,0	—	—	Moyenne : 7,5

2 h. 55. *Excitabilité à* 11 *du chariot.* Réveil très avancé nécessitant une injection de chloral.

2 h. 56. 1 gramme de chloral.

3 h. 1. *Excitabilité à* 6

3 h. 3-3 h. 4. Tracés XVIII D1 et D2. Bobine à 6.

Les tracés sont illisibles : dans un cas le cylindre a fait deux tours, ce qui a superposé deux tracés ; dans l'autre, le diapason n'a pas inscrit ses vibrations.

3 h. 4-3 h. 11. Repos.

3 h. 11 Excitabilité à partir de 8.

3 h. 13 Tracé XVIII E1. Bobine à 7

Valeur des retards :

1re Excitation 6,0 centièmes de seconde.

2e	—	6,0	—	—
3e	—	6,0	—	—
4e	—	7,0	—	—	Moyenne : 6,2.

3 h. 17. *Excitabilité à* 7,5 *du chariot.*

3 h. 18. Tracé XVIII E2. Bobine à 6,5.

Valeur des retards :

1re Excitation 7,0 centièmes de seconde.

2e	—	6,5	—	—
3e	—	6,7	—	—
4e	—	7,0	—	—	Moyenne : 6,8

Le chien commence à se réveiller trop

3 h. 23. Injection de 50 centigr. chloral.

3 h. 26. *Excitabilité à partir de 4.*

3 h. 31. Excitabilité à partir de 6,5.

3 h. 32. Tracé XVIII F1. Bobine à 6, interrupteur à 1.

Valeur des retards :

1re Excitation 5,0 centièmes de seconde.

2e	—	6,0	—	—	
3e	—	6,0	—	—	
4e	—	5,0	—	—	
5e	—	7,5	—	—	Moyenne : 5,9.

3 h. 35. *Excitabilité à 7 du chariot.*

3 h. 36. Tracé XVIII F2. Bobine à 6, interrupteur à 1.

Valeur des retards :

1re Excitation 7,0 centièmes de seconde.

2e	—	7,0	—	—	
3e	—	4,5	—	—	
4e	—	4,7	—	—	
5e	—	6,0	—	—	Moyenne : 5,8.

Le réveil s'avance beaucoup.

3 h. 45. 1 gramme de chloral.

3 h. 49. *Excitabilité à 5.*

3 h. 54. Tracé XVIII H1. Bobine à 3,5, interrupteur à 1.

Valeur des retards :

1re Excitation 9,5 centièmes de seconde.

2e	—	9,0	—	—	
3e	—	8,0	—	—	
4e	—	8,0	—	—	Moyenne : 8,6.

3 h. 55. Tracé XVIII H2. Bobine à 3,5.

Valeur des retards :

1re Excitation 9,5 centièmes de seconde.

2e	—	8,5	—	—	
3e	—	9,5	—	—	
4e	—	9,0	—	—	Moyenne : 9,1.

3 h. 59. *Excitabilité à 4,5 du chariot.*

4 h. Tracé XVIII, I1. Bobine à 4.

Valeur des retards :

1re Excitation 7,0 centièmes de seconde

2e	—	7,5	—	—	
3e	—	7,5	—	—	
4e	—	8,0	—	—	
5e	—	8,0	—	—	Moyenne : 7,6.

4 h. 8. *Excitabilité* à 6,5 du chariot.

4 h. 10. Tracé XVIII, I2. Bobine à 6, interrupteur à 1.

Valeur des retards :

1re Excitation 5,5 centièmes de seconde.

2e	—	7,0	—	—
3e	—	8,0	—	—
4e	—	8,0	—	—
5e	—	8,5	—	—	Moyenne : 7,4.

4 h. 12. Réveil assez avancé : Injection de 50 centigr. de chloral.
Repos de 4 h. 12 à 4 h. 20.

4 h. 20. *Excitabilité à partir de* 5 du chariot.

4 h. 21. Tracé XVIII, K1. Bobine à 5.

Valeur des retards :

1re Excitation 7,5 centièmes de seconde.

2e	—	7,7	—	—
3e	—	8,0	—	—
4e	—	7,5	—	—	Moyenne : 7,7.

4 h. 28. Tracé XVIII, K2. *Bobine à* 5.

Valeur des retards :

1re Excitation 8,5 centièmes de seconde.

2e	—	9,0	—	—
3e	—	8,5	—	—
4e	—	8,0	—	—
5e	—	8,5	—	—	Moyenne : 8,5.

Repos.

4 h. 35. Demi-réveil : injection de 1 gr. de chloral.

4 h. 40. *Excitabilité à partir de* 2 du chariot.

4 h. 41. Tracé XVIII L1. Bobine à 0.

Valeur des retards :

1re Excitation 8,5 centièmes de seconde.

2e	—	7,5	—	—
3e	—	7,5	—	—
4e	—	7,5	—	—	Moyenne : 7,7.

4 h. 47. Excitabilité à partir de 2 du chariot.

4 h. 48. Tracé XVIII L2. Bobine à 0.

Valeur des retards :

1re Excitation 9,5 centièmes de seconde.

2e	—	9,0	—	—
3e	—	8,0	—	—
4e	—	9,0	—	—
5e	—	7,5	—	—
6e	—	8,5	—	—	Moyenne : 8,6.

4 h. 57. Excitabilité à partir de 4 du chariot.

4 h. 58. Tracé XVIII M1. Bobine à 3, interrupteur à 1.

Valeur des retards :

1re Excitation 7,5 centièmes de seconde.

2e	—	5,5	—	—	
3e	—.	8,0	—	—	
4e	—	7,0	—	—	
5e	—	7,0	—	—	Moyenne : 7,0.

5 h. 3. Excitabilité à 4,5.

5 h. 4. Tracé XVIII M2. Bobine à 4.

Valeur des retards :

1re Excitation 8,5 centièmes de seconde.

2e	—	7,0	—	—	
3e	—	9,5	—	—	
4e	—	8,0	—	—	Moyenne : 8,2.

5 h. 10. Excitabilité à partir de 6.

5 h, 12. Tracé XVIII, N2. Bobine à 6.

Valeur des retards

1re Excitation 8,5 centièmes de seconde.

2e	—	7,5	—	—	
3e	—	7,0	—	—	
4e	—	7,0	—	—	
5e	—	6,5	—	—	
6e	—	6,5	—	—	
7e	—	6,5	—	—	Moyenne : 7,0.

A 5 h. 15, je pratique, au moyen d'une aiguille tranchante courbée à angle droit sur elle-même à environ 1 centimètre de son extrémité, la dilacération de la substance blanche'sous-jacente au centre excité au cours de toute l'expérience, en ayant soin de la pratiquer le moins profondément que possible.

5 h. 16. J'électrise la substance grise. Bobine à 6. Rien.

Au contraire, avec la bobine à 0, j'obtiens des mouvements, mais aucun cylindre noirci n'étant préparé, je ne puis obtenir de tracé de ces mouvements.

5 h. 20. L'excitabilité, même à 0, a disparu.

5 h. 30. Même inexcitabilité. Pourtant, en *enfonçant* les électrodes sous la substance grise, à environ *un* centimètre, j'obtiens des mouvements, toujours de la patte antérieure droite.

L'expérience cesse à 5 h. 40.

Nous venons de voir dans quel sens agit le chloral, et

nous constatons que l'injection de ce médicament diminue
l'excitabilité. Évidemment, il n'y a guère, entre les trois
catégories de faits énumérés plus haut, que des différences de degré. Il est cependant un point à noter. C'est
qu'étant donnée une inexcitabilité survenue à la suite du
chloral, il est plus aisé de réveiller l'excitabilité en augmentant la fréquence des excitations, qu'en employant des
excitations isolées, d'intensité plus grande : la fréquence
des excitations importe plus que leur intensité. C'est une
confirmation très nette des faits d'addition latente que
C. Richet à signalés relativement aux muscles d'abord,
puis aux nerfs et au cerveau même (1). Du reste, ces faits
s'observent, en ce qui concerne le cerveau du moins, pendant toutes les phases d'excitabilité expérimentale du cerveau, qu'elle soit aisée ou difficile à obtenir.

Rapidité d'action du chloral, sa mesure, sa durée. — Le
temps au bout duquel l'injection du chloral commence à
agir sur l'excitabilité ne peut être fixé d'une façon absolue;
il dépend de la dose et de l'animal en expérience. Il en est
de cela comme de l'intensité de son action.

Pour apprécier le temps que met le chloral à agir, il suffit,
une fois que l'on a constaté sur l'animal en voie de réveil,
l'intensité (en centimètres de l'appareil à chariot) du courant minimum nécessaire pour obtenir un mouvement
d'un membre, il suffit, disons-nous, de noter minute par
minute les phases par où passe l'excitabilité pendant un
certain temps après l'injection d'une nouvelle dose de
chloral. C'est de cette façon que nous avons procédé : on
suit ainsi très nettement les différentes phases de l'expérience.

(1) Trav. Lab. Marey, 1877, p. 97. Leçons, p. 855.

On en a un exemple dans l'expérience XX citée plus haut (voyez les phases depuis 3 heures jusqu'à 3 heures 41. En voici encore un du même genre :

Expérience XXII (22 février 1884). — Chien caniche, jeune, en très bon état, pesant environ 14 kilogrammes et très vigoureux.

1 h. 58. 1 gramme de chloral.
1 h. 59. 1 gramme.
2 h. 1 gramme.
2 h. 2. 1 gramme.
2 h. 4. 50 centigrammes.

Mise à nu du cerveau gauche commencée à 2 h. 5, achevée à 2 h. 18. Très peu d'hémorrhagie.

Dispositif accoutumé. — *Une* interruption par seconde.

2 h. 21. 50 centigrammes de chloral.
2 h. 30. Excitabilité à partir de 2.
2 h. 32. 50 centigrammes de chloral.
2 h. 34. Excitabilité à 1.
2 h. 37. Inexcitabilité absolue à 0.
2 h. 58. Excitabilité à 4.
3 h. 5. Excitabilité à 6.
3 h. 21. 1 gramme de chloral.
3 h. 23. Excitabilité à 4.
3 h. 25. Inexcitabilité absolue à
3 h. 30. Excitabilité à 1.
3 h. 33. Excitabilité à 3.
3 h. 40. Excitabilité à 6.
3 h. 45. Excitabilité à 7.
3 h. 55. Même état.
3 h. 56. 1 gramme de chloral.
3 h. 57. Excitabilité à 3.
3 h. 58. Inexcitabilité absolue à 0.
4 h. 1. Même état.
4 h. 4. Faible excitabilité à 0.

Nous voyons dans cette expérience que l'excitabilité disparaît une première fois, en cinq minutes ; la seconde, en quatre minutes, la troisième fois en deux minutes ; de

même elle revient graduellement, n'étant d'abord possible
que par l'emploi de courants à 0, puis par des courants
plus faibles, 1, 3, 4, 7, etc.

Dans l'expérience XXVII (1), nous voyons la période
d'inexcitabilité durer trois quarts d'heure à la suite d'une
injection de 50 centigrammes de chloral. Dans l'expérience
XVII (2), au contraire, nous voyons une injection de 50
centigrammes de chloral n'agir qu'en diminuant l'excitabilité, sans la supprimer un instant. Ce fait s'observe successivement trois ou quatre fois au cours de cette même
expérience : même chose pour l'expérience XVIII (3) et plusieurs autres. En somme, le *chloral agit sur l'excitabilité
au bout d'un temps variant de deux à cinq minutes au
plus*, et cette action se traduit soit par une suppression de
l'excitabilité, soit par une simple diminution de celle-ci.
Vers la fin d'une expérience l'action du chloral est généralement plus lente à se dissiper et plus rapide à se produire ; mais il y a des exceptions à cette règle.

Le tableau ci-dessous résume quelques exemples pris
dans diverses expériences : nous y avons introduit des
exemples des différents modes d'action du chloral ; montrant bien que tantôt le chloral supprime rapidement l'excitabilité, tantôt ne l'affecte qu'à peine (expérience XXIII,
XXIV), et montrant encore que le temps, au bout duquel le
chloral agit, varie dans des limites assez étendues, non
moins que celui au bout duquel son action commence à
disparaître.

*Action du chloral sur la période d'excitation latente cé-
rébrale.* — On donne le nom de *période d'excitation latente*

(1) Voyez p. 134, 3 h. 38 à 4 h. 31.
(2) Voyez p. 127, 3 h. 8 à 3 h. 28.
(3) Voyez p. 75.

EXCITABILITÉ

(MESURÉE D'APRÈS L'ÉCARTEMENT DES BOBINES)

Minutes après l'injection :

Numéro des Expériences.	EXCITABILITÉ avant le CHLORAL.	DOSE de CHLORAL.	1	2	3	4	5	6	7	8	9	10	11	12	13	14	15	16	17	18	19	20
XX.	9	75 centig.		3.5				0											8			3
XX.	9	75 centig.	7.5	6		0								1				3			6	
XX.	9	75 centig.	6	6	3.5	3	3	2.5		nulle				0			3					
XX.	8	75 centig.	6.5			nulle																
XXII.	6	1 gramme.		4			nulle				1			3								
XVIII.	7.5	50 centig.			4					6.5				7								
XXIII.	6	75 centig.	5		5		5	6	6							7				11		
XXIV.	6	50 centig.	6	6				6	6													
XVII.	11	1 gramme.		11					7						7							
XVII.	11	50 centig.	6.5	6.5		4	4								8.5							

au temps qui s'écoule entre le moment où une excitation est produite, et celui où la réaction se manifeste.

Elle comprend, telle qu'elle est chiffrée dans nos expériences, le temps nécessaire à la transmission des excitations du cerveau à la moelle et de la moelle aux muscles, et aussi le temps perdu des muscles.

Pour apprécier l'action du chloral sur cette période latente, il faut examiner quelle en est la durée, avant une injection de chloral, et quelle elle devient à divers moments après cette injection. Le chiffre obtenu dans le premier cas ne nous donne assurément pas une période latente normale, puisque l'animal en expérience est toujours sous l'influence du chloral, elle nous fournit la mesure de cette période latente pendant une phase *moins anormale* que celle qui suit immédiatement l'injection d'une nouvelle dose. Il ne s'agit de montrer l'influence du chloral que d'une façon très relative.. Pour apprécier exactement l'influence du chloral sur la période latente, il faudrait opérer sur des animaux non anesthésiés, et encore pouvoir comparer des tracés obtenus dans les conditions ci-dessus énoncées, avec *la même intensité* de courant ; car, ainsi que nous le verrons plus loin, l'intensité des courants agit sur la durée de cette période : s'ils sont faibles, cette période augmente, s'ils sont forts, elle diminue de durée.

Mais c'est là une condition assez rarement réalisable, le chloral ayant pour effet constant de diminuer l'excitabilité, et d'obliger par conséquent à employer des courants plus forts. Malgré cette cause d'erreur qui agit en sens défavorable, l'influence du chloral est assez nettement appréciable. Dans le tableau qui suit, nous avons cité des exemples au hasard : aussi en est-il de toute sorte.

Les exemples cités ici sont assez nets, bien que les chif-

fres ne soient que des moyennes ; l'emploi des moyennes
n'est pas toujours à recommander en physiologie. Nous
voyons par ce tableau que, même en augmentant assez sensiblement la force du courant, la période latente est plus
longue tout de suite après la chloralisation qu'elle ne l'est
avant ou bien un certain temps après. Cet accroissement
de durée est très variable : à côté des cas que nous venons
de citer, nous en rapportons d'autres où il n'existe pas ou
presque pas (Exp. X, v. II). De même le temps au bout
duquel il se manifeste dépend de la dose et de l'animal
lui-même ; en général il y faut de deux à trois minutes ;
enfin le temps que dure cet état d'accroissement de la
période latente varie beaucoup, ainsi qu'on le peut voir en
analysant quelques-unes de nos expériences. En un mot, il
en est de l'influence du chloral sur la durée de la période
latente comme de son influence sur l'excitabilité même ; il
y a des degrés nombreux. Tantôt le chloral agit peu ou
point du tout, et alors, non seulement la période latente
peut avoir une durée aussi courte qu'avant la chloralisation nouvelle, mais un intervalle de repos peut diminuer
encore cette durée, auquel cas elle est plus courte encore
qu'avant ; tantôt au contraire, il agit beaucoup, et alors
la durée s'accroît considérablement. Entre ces deux extrê-
mes il y a de nombreux degrés intermédiaires.

L'expérience qui suit montre nettement, entre autres
faits sur lesquels nous reviendrons ailleurs, la décroissance progressive de la période latente, à mesure que l'on
s'éloigne des instants de chloralisation. Le premier tracé
fournit une moyenne de 7,3, pour la période latente ; le
second 6,1 ; le troisième 6 ; puis le chloral le ramène à 7,3,
d'où elle revient à 6,1 et 6,3 où elle se maintient quelque
temps. Nous ne dirons rien ici des caractères individuels

Numéros des Expériences.	PÉRIODE latente avant l'injection de chloral.	INTENSITÉ du courant.	DOSE de chloral.	1	2	3	4	5	6	7	8
XVIII.	7.	7	1 gramme.	...	....	...	...	...	....	....	...
XVIII.	6.8	6.5	50 centigr.	...	.. .	..	...	.	....	....	...
XVIII.	5.8	6	1 gramme.	...	....	...	...	.	....	....	...
XVIII.	7.4	6	50 centigr.	...	....	...	...	.	....	....	...
XVIII.	8.5	5	1 gramme.	...	....	...	...	....	(0) 7.7	....	...
XX.	7.6	7	75 centigr.	...	....	...	...	....	....	(0) 7.5	...
XVI.	6.0	5	75 centigr.	...	....	...	...	....	....	....	...
XVI.	6.9	4	75 centigr.	...	....	...	...	....	....	(3) 6.3	...
XVI.	6.8	6	1 gramme.	...	....	...	...	....	....	....	...
XIII.	8.75	5	50 centigr.	...	....	...	...	(3) 9.4	....	....	(3) 8
XIV.	? ?	»	33 centigr.	...	....	...	...	....	....	....	...
XXIV.	»	»	25 centigr.	...	....	...	...	....	....	....	...
XXIV.	»	»	50 centigr.	...	....	...	...	....	....	....	...
XXIV.	6.6	5	50 centigr.	...	....	...	...	....	(0) 6.1	....	...
XVII.	7.5	6	1 gramme.	...	....	...	...	....	....	(6) 7.5	(6) 7.
XVII.	7.6	6	50 centigr.	..	....	...	...	...	....	(4) 6.9	...
XVII.	6.3	7	50 centigr.	...	....	...	...	(5) 6.5	(5) 6.6	..	
XXIII.	?	?	50 centigr.	...	.. .	...	...	....	....	(4) 11.2	...
XXIII.	8.6	6	75 centigr.	...	(4) 8.6	..	...	....	...	(4,5) 8.3	...

(1) Le cniffre entre parenthèses qui accompagne chaque mesure de période latente indi...

Minutes après l'injection :

11	12	13	14	15	16	17	18	19	20	22	24	26	28	30	32	34	36	38	40
						[7] 6.2				[6] 6.8									
		[6] 5.8																	
				[4] 7.6								[6] 7.4							
					[5] 8.5														
		[0] 8.6									[4] 7			[4] 8.2				[6] 7	
							[5] 8.1					[7] 7.1							
		[4] 6.9																	
		[5] 6.3			[6] 6.8														
						[1] 7.1					[4] 7.4		[5] 9.3					[7] 9.2	
										[3] 9.3									
			[4] 7.8			[4] 8.2								[5] 7					
				[0] 6.2					[3] 6.0										
					[6] 6.0						[5] 6.6								
												[0] 6.4							
				[7] 6.3															
							[4] 7.5		[5] 9								[6] 8.6		
												[0] 9.5							

ntensité du courant employé.

de chaque tracé considéré isolément ; ce sera l'objet d'une étude spéciale ; nous ne voulons envisager ici que les chiffres moyens.

EXPÉRIENCE XVI (5 février 1884). — Chien de chasse, poils ras, très jeune, pesant 15 kilogrammes environ.

1 h. 18. Injection de 1 gramme de chloral.
1 h. 20. Injection de 2 grammes.
1 h. 23. Injection de 1 gramme.
1 h. 45. Injection de 50 centigrammes.

Mise à nu du cerveau gauche commencée à 1 h. 26, achevée à 1 h. 50.

Hémorrhagie assez considérable pendant l'excision des os, nulle pendant l'excision de la dure-mère.

Les mouvements inscrits sont ceux de la patte antérieure droite.

Dispositif. — Deux piles au bichromate de potasse, grand et moyen modèle. Signal Desprez, clef de Dubois-Reymond et interrupteur Trouvé (à 2 interruptions par seconde) sur le trajet du courant inducteur. Diapason à 100 V -D. par seconde. Chariot de Dubois-Reymond gradué en centimètres. Tambours à air de Marey.

2 h. 5. Premières excitations : l'excitabilité commence à 5,5 du chariot.

2 h. 6 Tracé XVI A1. Bobine à 5. Mouvements faibles.

Valeur des retards :

1ro Excitation 7,0 centièmes de seconde.
2e   —   7,0   —   —
3e   —   7,0   —   —
4e   —   7,5   —   —
5e   —   8,0   —   —   Moyenne: 7,3.

2 h. 7. Tracé XVI A2. Bobine à 5. Int. à 1.

Valeur des retards :

1re Excitation 6,0 centièmes de seconde.
2e   —   6,5   —   —
3o   —   6,0   —   —
4e   —   5,5   —   —
5e   —   5,5   —   —
6e   —   7,0   —   —   Moyenne: 6,0.

2 h. 14. Réveil presque complet : mouvements, agitation.

Tracé XVI B1. Bobine à 5. Int. à 1. Mouvements forts.

Valeur des retards :

1re Excitation 5,5 centièmes de seconde.

2^e	—	5,5	—	—
3^e	—	7,0	—	—
4^e	—	7,0	—	—
5^e	—	5,0	—	— Moyenne : 6,0.

2 h. 15. 75 centigrammes de chloral.

2 h. 23. Excitabilité à partir de 4 du chariot.

2 h. 24. Tracé XVI B2. Bobine à 4. Int. à 1.

Valeur des retards :

1re Excitation 7,5 centièmes de seconde.

2^e	—	—	—	—
3^e	—	—	—	—
4^e	—	—	—	—
5^e	—	5,0	—	—
6^e	—	8,0	—	—
7^e	—	8,0	—	—
8^e	—	8,0	—	— Moyenne : 7.3.

2 h. 28. Tracé XVI C1. Bobine à 4. (Excitabilité à 7). Mouvements très forts et nets. Int. à 1.

Valeur des retards :

1re Excitation 6,0 centièmes de seconde.

2^e	—	8,0	—	—
3^e	—	7,5	—	—
4^e	—	5,5	—	—
5^e	—	6,5	—	—
6^e	—	6,5	—	—
7^e	—	8,0	—	—
8^e	—	6,5	—	—
9^e	—	8,0	—	— Moyenne : 6,9.

2 h. 37 : 0 gr. 75 de chloral.

2 h. 40. Excitabilité à partir de 2,5 du chariot.

2 h. 43. Excitabilité à 3,5 du chariot.

2 h. 44. Tracé XVI D1. Bobine à 3. Mouvements faibles.

Valeur des retards :

1ro Excitation 6,0 centièmes de seconde.

2^e	—	6,5	—	—
3^e	—	7,0	—	—
4^e	—	6,0	—	—
5^e	—	6,0	—	— Moyenne : 6,3.

2 h. 50. Excitabilité à partir de 5 du chariot.

2 h. 50. Tracé XVI D2. Bobine à 5. Mouvements vifs.

Valeur des retards :

1re Excitation 5,0 centièmes de seconde.

2^e	—	5,0	—	—
3^e	—	6,0	—	—
4^e	—	7,0	—	—
5^e	—	7,0	—	—
6^e	—	7,0	—	—
7^e	—	7,0	—	—
8^e	—	7,0	—	— Moyenne : 6,3.

2 h. 53. Excitabilité à 6,5 du chariot. Le réveil est très avancé : il y a des mouvements spontanés ; aussi les tracés XVI E1 et E2 donnent-ils des résultats très différents des précédents.

Valeurs des retards.

XVI E1 : 1re Excitation 25,0 centièmes de seconde.

2^e	—	25,0	—	—
3^e	—	26,0	—	—
4^e	—	24,0	—	—
5^e	—	7,5	—	—
6^e	—	6,0	—	—
7^e	—	7,0	—	— Moyenne : 6,8.

XVI E2 : 1re Excitation 21,0 — —

2^e	—	21,0	—	—
3	—	22,5	—	—
4^e	—	25,5	—	—

Ces retards tiennent à ce que les mouvements spontanés viennent troubler l'impulsion provoquée par l'excitation électrique.

3 h. 10. Excitabilité à 7 du chariot. Réveil très avancé.

3 h. 12. 1 gr. de chloral.

3 h. 14. Inexcitabilité absolue à 0.

3 h. 17. Même état.

3 h. 22. Même état ; mais avec 20 interruptions par seconde, il y a une certaine excitabilité révélée par des mouvements peu définis.

3 h. 25. L'excitabilité à 1 interruption par seconde, commence à 1,5 du chariot.

3 h. 26. Tracé XVI F1. Bobine à 0. Mouvements très faibles.

Valeur des retards :

1re Excitation centièmes de seconde.

2^e	—	—	—	
3^e	—	—	—	
4^e	—	—	— Moyenne :

3 h. 28. Excitabilité à 2,5 du chariot.

3 h. 29. Tracé XVI F2. Bobine à 1. Mouvements encore assez faibles.

Valeur des retards:

1re Excitation 7,0 centièmes de seconde.

2^e	—	7,0	—	—
3^e	—	7,0	—	—
4^e	—	7,5	—	—
5^e	—	7,0	—	— Moyenne : 7,1.

3 h. 36. Excitabilité à 5 du chariot.

3 h. 37. Tracé XVI H1. Bobine à 4. Mouvements assez amples.

Valeur des retards.

1re Excitation 7,0 centièmes de seconde.

2^e	—	7,0	—	—
3^e	—	7,0	—	—
4°	—	8,0	—	—
5^e	—	8,0	—	— Moyenne : 7,4.

3 h. 40. Excitabilité à 6.

3 h. 41. Tracé XVI H2. Bobine à 5. Interrupteur à 1. Mouvements amples.

Valeur des retards:

1re Excitation 11,0 centièmes de seconde.

2^e	—	11,0	—	—
3^e	—	10,0	—	—
4^e	—	10,0	—	—
5^e	—	9,5	—	—
6^e	—	8,5	—	—
7^e	—	7,5	—	—
8^e	—	7,2	—	— Moyenne : 9,3.

3 h. 48. Excitabilité à 7. Réveil avancé.

3 h. 49. Tracé XVI K1.

Valeur des retards.

1re Excitation 9,0 centièmes de seconde.

2°	—	9,0	—	—
3^e	—	10,0	—	—
4^e	—	9,0	—	—
5^e	—	9,0	—	— Moyenne : 9,2,

4 h. 4. 1 gramme de chloral.

4 h. 6. Dilacération, au moyen d'une aiguille courbée à angle droit, de la substance blanche sous-jacente au centre des mouvements de la patte antérieure.

4 h. 10. Inexcitabilité absolue, même à 0, et même avec 20 interruptions par seconde.

4 h. 13. Même inexcitabilité.

4 h. 16. Même état.

4 h. 23. Rien de nouveau.

4 h. 32. Toujours rien.

4 h. 40. Le réveil avance : mouvements et respiration spasmodiques forcés. Inexcitabilité toujours absolue.

4 h. 45. Rien.

4 h. 52. Rien.

5 heures. Depuis une heure que la dernière dose de chloral a été donnée, le réveil est presque complet, et le cerveau serait certainement excitable si le chloral seul était en jeu. L'inexcitabilité persiste absolue, et il me semble difficile de ne pas l'attribuer à la section des fibres blanches sous-jacentes au centre.

En résumé donc :

Le chloral agit sur l'excitabilité, tantôt en l'abolissant temporairement, tantôt en la diminuant ; pour la réveiller il faut tantôt :

1o Augmenter l'intensité du courant et le nombre des excitations ;

2° Augmenter le nombre des excitations seulement ;

3° Augmenter seulement l'intensité du courant.

Le chloral agit sur la période latente en accroissant plus ou moins sa durée.

CHAPITRE IV

I. *Marche générale de l'excitabilité au cours d'une même expérience.* — Nous n'avons sur ce point, qu'à compléter ce qui a été dit précédemment au sujet de l'influence du chloral sur l'excitabilité. Nous avons vu que le chloral agit, deux ou trois minutes après qu'il a été injecté, tantôt en abolissant l'excitabilité, tantôt en la diminuant considérablement, tantôt encore en ne l'affectant que d'une façon à peine appréciable.

Il nous reste à voir ce que devient cette excitabilité à mesure que le temps s'écoule, à mesure que l'on s'éloigne du moment où le chloral a été donné. Règle générale, elle augmente, c'est-à-dire que l'on obtient la même réaction avec des courants de moins en moins intenses ; la grande majorité de nos expériences le montrent surabondamment. Si l'on considère non plus l'excitabilité en elle-même, c'est-à-dire la possibilité d'obtenir une réaction motrice au moyen d'un courant déterminé, mais la période latente qui traduit en quelque sorte cette excitabilité et permet de la mesurer avec une autre unité de mesure, la règle est beaucoup moins nette, et dans bien des cas elle disparaît totalement. Il y a à cela des raisons complexes.

La première, c'est que dans nos expériences, nous avons toujours recherché avant de prendre un tracé quelconque, le courant minimium nécessaire pour produire une réaction ; jamais ou presque jamais nous n'avons pris deux tracés de suite avec la même intensité de courant ; or l'intensité du courant influe certainement sur la durée de la période latente, comme nous le verrons plus loin. Il en résulte que les conditions où sont prises deux tracés n'étant pas les mêmes, les durées des périodes latentes sont déjà influencées par cette différence de conditions, et ne sont guère comparables.

La seconde c'est que les excitations peuvent produire deux effets bien distincts ; elles peuvent ou bien réveiller ou bien fatiguer l'excitabilité cérébrale.

Voilà donc deux éléments qui ont pour effet de compliquer la question, pouvant se combiner pour agir dans le même sens ou, au contraire, agir en sens différents. Nous renonçons donc à tenir compte de la durée de la période latente pour mesurer l'excitabilité du cerveau, sauf en ce qui concerne l'action immédiate du chloral. Nous avons déjà vu en effet que le choral tend à accroître la durée de la période latente, pendant les premiers temps qui suivent l'injection. Mais, au bout d'une période variable, la durée des périodes latentes varie beaucoup, d'une façon très irrégulière. Nous devons évidemment considérer ces irrégularités comme dues aux éléments perturbateurs que nous avons signalés ; nos expériences, telles qu'elles ont été faites ne nous permettent pas d'utiliser la durée des périodes latentes comme mesure de l'excitabilité cérébrale.

Bornons-nous donc à constater qu'au fur et à mesure que l'on s'éloigne du moment où le chloral a été injecté, les courants minima nécessaires pour produire la réaction motrice sont de moins en moins intenses ; l'expérience se passe ainsi en une série d'oscillations de valeur à peu près égale.

II. *Influence de l'intensité du courant sur la durée de la période latente cérébrale.* — Bubnoff et Heidenhain ont signalé cette influence et montré que si l'on accroît l'intensité d'un courant durant l'inscription d'un tracé, les retards diminuent aussitôt ; au chapitre Ier j'ai rapporté quelques-uns des exemples cités par eux. Nous avons contrôlé leurs expériences assez rapidement, et nous avons reconnu l'exactitude des résultats annoncés par eux.

L'expérience qui suit montre (D3, D4) la diminution du retard sous l'influence d'un courant plus intense (0 au lieu de 3 pour les courants ; 8. 8 au lieu de 9,3 pour les retards. Plus loin (E1 et E2) le retard passe de 10,0 à 8,0, le courant passant de 6 à 0. Plus loin encore (E3, E4, E5), l'expérience est faite en sens inverse ; on agit d'abord avec le courant fort (0) puis avec le courant 5, enfin avec le courant 8. Ici le retard est le même pour les courants 0 et 5 ; il augmente sensiblement pour le courant 8 ; mais si on revient au courant 0, le retard diminue aussitôt. Enfin (H1, H2, H3) on voit, comme dans le cas précédent le retard être environ le même pour les courants 0 et 5, et augmenter pour le courant 7.

Ces deux derniers faits sembleraient indiquer qu'il n'est pas utile d'augmenter la force du courant au delà d'une

certaine limite, sous peine de fatiguer l'excitabilité ou tout
au moins de ne pas l'accroître (1).

EXPÉRIENCE XXIII (29 février 1884). — Chien griffon, jeune, en très
bon état, pesant environ 16 kilogrammes.

2 h. 8. Injection de 2 gr. 50 de chloral.

2 h. 10. Injection de 50 centigrammes.

Mise à nu du cerveau gauche commencée à 2 h. 12, et achevée à
2 h. 40.

Hémorrhagie médiocre pour les tissus musculaire et osseux; abondante pour l'incision de la dure-mère.

Dispositif. — Deux piles Gaiffe. Interrupteur Trouvé à 1 interruption par seconde. Signal Desprez. Diapason = 100 V. D. par seconde.
Chariot Du Bois-Reymond. Tambours à air, Marey. Clef.

Les mouvements inscrits sont ceux de la patte antérieure droite.

2 h. 45. 50 centigrammes de chloral.

2 h. 57. Premières excitations: l'excitabilité commence à 3,5 du
chariot.

3 h. 1. Excitabilité à 6,5.

3 h. 3. 50 centigrammes de chloral.

3 h. 10. Tracé **XXIII. A3**. Bobine à 4. Mouvements assez vifs.

Valeur des retards :

1re Excitation 11,0 centièmes de seconde.

2e	—	12,0	—	—
3e	—	11,0	—	—
4e	—	11,0	—	—
5e	—	11,0	—	—
6e	—	11,0	—	—
7e	—	12,0	—	—	Moyenne : 11,2

3 h. 20. Excitabilité à 4.

3 h. 21. Tracé XXIII. B1. Bobine à 4. Mouvements trop faibles pour
permettre la lecture du tracé.

3 h. 22. Tracé XXIII. B2. Bobine à 4. Int. à 1. Mouvements très
nets.

(1) Rosenthal a démontré quelque chose d'analogue au sujet des muscles
des tracés recueillis par lui (in Leçons de C. Richet, p. 195 seq.) montrent que
ce n'est pas toujours avec le courant le plus fort que l'on obtient la réaction la
plus vive.

Valeur des retards :

1re Excitation 8,0 centièmes de seconde.

2^e	—	8,0	— —
3^e	—	6,2	— —
4^e	—	8,2	— —
5^e	—	7,2	— —
6^e	—	7,0	— —
7^e	—	8,5	— — Moyenne : 7,5.

3 h. 25. Excitabilité à 6 du chariot. On peut, à condition de laisser passer les courants entre les électrodes appliquées à la surface du cerveau, amener l'excitabilité à exister encore à 10 du chariot, en éloignant graduellement la bobine induite. Pour abréger, désormais, nous dirons que l'excitabilité que nous avons vue commencer à 6, a pu être *conduite* jusqu'à 10.

3 h. 26. Tracé XXIII. B3. Bobine à 5. Int. à 1. Mouvements nets.

Valeur des retards :

1er Excitation 10,0 centièmes de seconde.

2^e	—	10,0	— —
3^e	—	10,0	— —
4^e	—	8,0	— —
5^e	—	7,0	— — Moyenne : 9,0.

3 h. 37. Excitabilité commencée à 6, pouvant être conduite à 9.

3 h. 38. Tracé XXIII. C1. Bobine à 6. Int. à 1. Mouvements très nets, réveil assez avancé.

Valeur des retards :

1re Excitation 7,0 centièmes de seconde.

2^e	—	8,0	— —
3^e	—	8,0	— —
4^e	—	9,0	— —
5^e	—	10,0	— —
6^e	—	10,0	— — Moyenne : 8,6.

3 h. 41. 75 centigrammes de chloral.

3 h. 42. Excitabilité à 5.

3 h. 43. Tracé XXIII. C2. Bobine à 4. Int. à 1. Mouvements nets.

Valeur des retards :

1re Excitation 8.0 centièmes de seconde,

2^e	—	9,0	— —
3^e	—	10,0	—
4^e	—	8,2	—
5^e	—	8,2	—
6^e	—	8,2	— Moyenne : 8,6.

3 h. 44. Excitabilité à 5, pouvant être conduite à 8.

3 h. 48. Excitabilité à 6, pouvant être conduite à 8.

3 h. 48. Tracé XXIII. C3. Bobine à 4,5. Int. à 1. Mouvements nets.

Valeur des retards :

1re Excitation 10,0 centièmes de seconde.

2^e	—	8,0	—	—	
3^e	—	7,2	—	—	
4^e	—	8,2	—	—	
5^e	—	8,5	—	—	
6^e	—	8,0	—	—	Moyenne : 8,3.

3 h. 55. Excitabilité à 7, pouvant être conduite à 8,5.

3 h. 55. Tracé XXIII. C4. Bobine à 7. Mouvements faibles, ne permettant la lecture que de deux retards de valeur égale à 85 millièmes chacun.

4 h. 5. Excitabilité à 6, pouvant être conduite à 8.

4 h. 8. Tracé XXIII. D1. Bobine à 6. Mouvements très faibles, dont un seul est mesurable : 115 millièmes de retard.

4 h. 9. Tracé XXIII. D2. Bobine à 0. Int. à 1. Mouvements très nets

Valeur des retards :

1re Excitation 8,5 centièmes de seconde.

2^e	—	9,0	—	—	
3^e	—	10,0	—	—	
4^e	—	10,5	—	—	
5^e	—	11,2	—	—	
6^e	—	8,0	—	—	Moyenne : 9,5.

4 h. 11. 75 centigrammes de chloral.

4 h. 13. Excitabilité à 1,5.

4 h. 15. Excitabilité à 2, pouvant être conduite à 5.

4 h. 10. Tracé XXIII. D3. Bobine à 3. Int. à 1. Mouvements nets.

Valeur des retards :

1re Excitation 8,5 centièmes de seconde.

2^e	—	8,5	—	—	
3^e	—	9,5	—	—	
4^e	—	9,5	—	—	
5^e	—	9,5	—	—	
6^e	—	10,3	—	—	
7^e	—	9,5	—	—	Moyenne : 9,3.

4 h. 17. Tracé XIII. D4. La bobine est non plus fixée à 3, mais à 0, afin de voir si l'intensité plus grande du courant influera sur la valeur des retards.

Valeur des retards :

1re Excitation 8,0 centièmes de seconde.

2^e	—	9,0	—	—
3^e	—	9.5	—	—
4^e	—	8,0	—	—
5^e	—	8,5	—	—
6^e	—	9,5	—	—
7^e	—	9,5	—	—	Moyenne : 8,8.

4 h. 26. Excitabilité à 6, pouvant être conduite à 8.

4 h. 27. Tracé XXIII E1. Bobine à 6. Int. à 1. Mouvements nets.

Valeur des retards :

1re Excitation 12,0 centièmes de seconde.

2^e	—	10,0	—	—
3^e	—	10,0	—	—
4^e	—	10,0	—	—
5^e	—	9,5	—	—
6^e	—	10,0	—	—
7^e	—	9,0	—	—	Moyenne : 10,0.

4 h. 28. Tracé XXIII E2. Bobine à 0. Int. à 1 (même tentative que plus haut). Mouvements plus amples que ceux du précédent tracé.

Valeur des retards :

1ro Excitation 9,0 centièmes de seconde.

2^e	—	8,0	—	—
3^e	—	7,5	—	—
4^e	—	8,0	—	—
5^e	—	8,0	—	—	Moyenne : 8,1

4 h. 30. Tracé XXIII E3. Bobine à 0. Int. à 1. Mouvements très nets et amples (tentative pareille aux précédentes, mais faite en ordre inverse).

Valeur des retards :

1re Excitation 8,0 centièmes de seconde.

2^e	—	8,2	—	—
3^e	—	7,0	—	—
^{e}	—	7,5	—	—
5^e	—	8,0	—	—
6^c	—	8,0	—	—	Moyenne : 7,7.

4 h. 31. Tracé XXIII E4. Bobine à 5. Int. à 1. Mouvements **moins** amples.

Valeur des retards :

1re Excitation 7,0 centièmes de seconde.

2^e	—	7,0	—	—
3^e	—	7,0	—	—
4^e	—	7,0	—	—
5^e	—	8,5	—	—
6^e	—	9,5	—	— Moyenne: 7,6.

4 h. 40. Excitabilité à 8, pouvant être conduite à 10.

4 h. 41. Tracé XXIII F1. Bobine à 8. Int. à 1. Mouvements faibles, peu étendus.

Valeur des retards :

1re Excitation 11,0 centièmes de seconde.

2^e	—	8,5	—	—
3^e	—	9,5	—	—
4^e	—	8,5	—	—
5^e	—	9,0	—	— Moyenne: 9,3.

4 h. 42. Tracé XXIII F2. Bobine à 0. Int. à 1 (même expérience que ci-dessus). Mouvements plus étendus et nets de beaucoup que ceux du précédent tracé.

Valeur des retards :

1re Excitation 8,5 centièmes de seconde.

2^e	—	8,2	—	—
3^e	—	8,2	—	—
4^e	—	8,2	—	—
5^e	—	8,2	—	—
6^e	—	7,0	—	—
7^e	—	7,0	—	— Moyenne: 7,9.

4 h. 47. Réveil avancé; injection de 75 centigr. de chloral.

4 h. 48, 30'. Inexcitabilité absolue à 0.

4 h. 50. Même état.

4 h. 53. Excitabilité à 1.

4 h. 58. Excitabilité à 6, pouvant être conduite à 8.

5 h. Tracé XXIII F3. Bobine à 5. Int. à 1. Mouvements très faibles, à peine mesurables.

1re Excitation		9,0	centièmes de seconde.	
2^e	—	8,2	—	—
3^e	—	10,0	—	—

5 h. 1. Tracé XXIII F4. Bobine à 5 Int. à 1. Mouvements très faibles encore.

Valeur des retards :

1re Excitation 7,5 centièmes de seconde.

2e	—	8,0	—	—	
3e	—	9,5	—	—	
4e	—	9,7	—	—	
5e	—	9,0	—	—	
6e	—	8,0	—	—	
7e	—	9,0	—	—	Moyenne : 8,6.

5 h. 10. Excitabilité à 6, pouvant être conduite à 10.

5 h. 11. Tracé XXIII H1. Bobine à 7. Int. à 1. Mouvements faibles.

Valeur des retards :

1re Excitation 8,5 centièmes de seconde.

2e	—	10,0	—	—	
3e	—	9,0	—	—	
4e	—	7,0	—	—	Moyenne : 8,6.

5 h. 12. Tracé XXIII H2. Bobine à 5. Int. à 1. Mouvements plus nets que les précédents.

Valeur des retards :

1re Excitation 8,5 centièmes de seconde.

2e	—	6,0	—	—	
3e	—	5,7	—	—	
4e	—	5,0	—	—	
5e	—	7,0	—	—	
6e	—	7,0	—	—	Moyenne : 6,5.

5 h. 13. Tracé XXIII H3. Bobine à 0. Int. à 1. Mouvements plus nets et vifs encore que les précédents.

Valeur des retards :

1re Excitation 6,5 centièmes de seconde.

2e	—	7,0	—	—	
3e	—	7,5	—	—	
4e	—	7,5	—	—	
5e	—	6,5	—	—	Moyenne : 7,0.

Le réveil est très avancé.

Je dilacère la substance blanche sous la région que j'ai excitée durant toute l'expérience. L'excitabilité, qui existait la minute auparavant, à 5, disparaît même à 0.

5 h. 30. Même inexcitabilité absolue. Je cesse l'expérience.

III. *Influence des excitations pratiquées avec l'intensité minima suffisante, sur l'excitabilité par un courant d'in*-

tensité moindre. — La manière dont nous déterminons dans chaque expérience le courant minimum nécessaire à la production d'une réaction motrice appréciable est toujours la même. La bobine induite étant à grande distance de l'inductrice, nous rapprochons peu à peu l'une de l'autre, tout en tenant toujours les électrodes appliquées sur le cerveau. En opérant par petits pas, on finit par trouver assez exactement à quelle intensité de courant on obtient pour la première fois une réaction motrice. Pour les recherches dont il s'agit ici, nous avons toujours opéré ainsi, mais, pour achever l'expérience, une fois que nous avons trouvé le courant minimum nécessaire, nous continuions à exciter pendant quelques secondes avec ce courant, puis, continuant toujours à exciter, nous diminuions graduellement l'intensité du courant, en faisant l'opération inverse de la précedente, c'est-à-dire en éloignant les deux bobines l'une de l'autre, jusqu'à ce que le courant fût impuissant.

Si l'on se reporte au détail des Expériences XXIII et **XXIV**, on voit que l'excitabilité qui commence par exemple à 6 est conservée, si l'on éloigne graduellement la bobine induite (sans cesser d'exciter le cerveau) jusqu'à 10. De même, on les conserve de 2 à 5 ; de 3 à 7, etc., etc. Les effets sont des plus nets.

Ce fait est un pendant, mais en sens inverse, de celui qu'a montré Du Bois-Reymond pour l'excitabilité des nerfs : il a montré que, si l'on fait passer par un nerf un courant trop faible pour l'exciter, et si on en augmente graduellement l'intensité, on peut amener celle-ci à être de beaucoup supérieure à celle à laquelle réagit habituellement le nerf, sans que celui-ci soit excité. Il semble que le nerf ait besoin d'une excitation soudaine, et le cerveau paraît avoir les mêmes exigences. Nous n'insisterons pas plus longtemps sur les exemples du genre de ceux que nous venons de citer (les deux Expériences XXIII et XXIV en renferment un grand nombre), mais nous ferons remarquer l'analogie réelle existant entre le fait que nous venons de signaler et un autre fait signalé par C. Richet relativement au muscle (1). Ce physiologiste fait remarquer que, si l'on cherche le seuil de l'excitation du muscle en augmentant graduellement la force du courant, ce seuil se trouvera correspondre à une intensité moindre que celle correspondant à la cessation de l'excitabilité constatée en partant du courant maximum. C'est-à-dire qu'en augmentant la force des courants, l'excitabilité commence à une intensité supérieure à celle où elle finit, lorsqu'on diminue cette même force. C'est exactement ce que nous venons de constater pour l'excitabilité du cerveau.

IV. *Addition latente.* — Nous avons déjà vu que M. Ch. Richet a démontré, pour les muscles et les nerfs, et enfin pour le cerveau, que telle excitation isolée impuissante à produire une réaction, devient capable de les provoquer si elle est fréquemment répétée (2). C'est là un fait dont les expériences citées dans ce travail confirment l'exactitude. Nous avons souvent observé ce fait tel que le cite C. Richet.

Par exemple, tel courant, interrompu une ou deux fois par seconde, ne provoque aucune réaction ; interrompu quatre fois par seconde, il provoque une réaction, mais ce

(1) Voyez Leçons, p. 275.
(2) Voy. Trav. du Lab. de Marey, 1877, et Leçons sur la Physiologie des muscles et des nerfs, p. 855. C. Richet donne de nombreux tracés à l'appui.

n'est pas une réaction unique ; il y a quatre mouvements, c'est-à-dire autant de mouvements que d'excitations. (C'est ainsi qu'envoyant 36 excitations en 9 secondes, nous avons obtenu 36 mouvements distincts.)

Enfin, en envoyant 5 excitations par seconde, nous avons obtenu, non plus 5 mouvements, mais un seul, les muscles restant contractés tout le temps que passent les excitations.

EXPÉRIENCE XXVIII (10 mars 1884). — Chien loulou, pesant environ 9 kilogrammes ; jeune, très vif et en excellent état.

2 h. 23. 1 gramme de chloral.

2 h. 24. 1 gramme de chloral.

Mise à nu du cerveau gauche commencée à 2 h. 25 ; achevée à 2 h. 45 Hémorrhagie très abondante.

2 h. 40. 50 centigrammes de chloral.

Dispositif. — Deux piles Gaiffe. Signal Desprez, interrupteur Trouvé ; D = 100 V. D. par seconde. (Dans quelques cas, la clef de Dubois-Reymond a été substituée à l'interrupteur.) Les mouvements inscrits sont ceux de la patte antérieure droite.

3 heures. J'interromps le courant au moyen de la clef, une ou deux fois au plus par seconde : pas de réaction, la bobine étant à 0, j'interromps trois ou quatre fois par seconde, et j'obtiens autant de mouvements très nets et distincts.

3 h. 4. Je fixe l'interrupteur à quatre int. par seconde : les 36 interruptions inscrites provoquent 36 mouvements très amples et vifs et distincts les uns des autres.

3 h. 11. Excitabilité à 0, avec *une* interruption par seconde.

3 h. 15. 50 centigrammes de chloral

3 h. 40. 50 centigrammes de chloral.

3 h. 45. Tracé XXVIII C1. Pendant la première moitié du tracé, l'interrupteur est fixé à 1 int. par seconde, aucun résultat. Pendant la seconde moitié du tracé, il est fixé à 5 int. par seconde : tétanos, par addition des excitations.

4 h. 2. 50 centigrammes de chloral.

4 h. 4. Excitabilité nulle à 0 avec 1 int., efficace avec 6 int. par seconde.

4 h. 15. Excitabilité nulle à 0 avec 2 interruptions, efficace avec 6 int., par seconde.

4 h. 20. Inexcitabilité à 0 avec 1 int., excitabilité avec 2 int. par seconde.

4 h. 40. 50 centigrammes de chloral.

4 h. 55. Excitabilité à 0 avec 1 int. par seconde, mouvements très nets.

De 5 h. 3 à 5 h. 30. Pulvérisation d'éther sur le cerveau.

5 h. 6. Excitabilité au même point qu'avant.

5 h. 6, 5 h. 9. Éthérisation.

5 h. 9 Même excitabilité, mais plus faible réaction.

Le cerveau n'est pas vraiment froid : il reprend très vite la chaleur primitive.

Il résulte de là que l'on peut rencontrer trois cas :

1° Un courant qui n'agit pas lorsque les excitations sont isolées (une par seconde (1), par exemple), agit quand elles sont très rapprochées (20, 30, 50 par seconde), en provoquant une contraction musculaire tétanique, unique. C'est l'addition latente décrite par C. Richet;

2° Un courant qui n'agit pas lorsque les excitations sont isolées (1 par seconde), agit quand elles sont plus rapprochées (3 par seconde) ; mais la réaction n'est pas unique : il y a presque autant de réactions que d'excitations, c'est encore de l'addition latente ;

3° Chaque excitation produit une réaction, quel que soit l'intervalle qui la sépare de la précédente excitation.

Les deux premiers cas sont des cas d'addition latente ; le dernier en est tout à fait distinct, il n'y a pas d'addition.

Il est inutile de répéter, en terminant ce chapitre, les conclusions partielles qui s'y trouvent formulées; mieux vaut résumer rapidement la marche générale de l'excitabilité cérébrale au cours d'une même expérience.

_____

(1) Nous avons observé des cas où 20 interruptions ne suffisaient pas, mais où 50 ou 60 agissaient très nettement.

D'un côté, le degré d'excitabilité suit presque toujours les mêmes alternatives, entre deux doses de chloral ; il s'abaisse plus ou moins, pour revenir ensuite à son point de départ, à peu de chose près, sauf certains cas exceptionnels où l'animal en expérience est fatigué, épuisé outre mesure, et où l'excitabilité diminue, ou du moins subit des variations aussi importantes que brusques.

En dehors de ces cas, à défaillances profondes, et en dehors de quelques cas assez exceptionnels où l'expérience n'a pas duré assez longtemps pour que la fatigue fût très manifeste, la majorité des expériences accusent bien une tendance à la fatigue, c'est-à-dire à la diminution de l'excitabilité vers la fin de l'expérience.

On s'explique aisément cette fatigue, à la fois par le traumatisme et l'hémorrhagie, par le refroidissement qui résulte en même temps de l'immobilité et de la chloralisation, et enfin par la répétition fréquente des excitations.

Il en est du cerveau comme des autres organes ; un exercice modéré active son fonctionnement, un exercice exagéré le fatigue et le ralentit.

D'un autre côté, les oscillations de la période latente suivent, en général, une marche moins régulière, et surtout dont la régularité, si elle existe, est moins appréciable, puisque l'intensité des courants employés varie forcé - ment. Si, le plus souvent, pendant les premières vingt minutes ou la première demi-heure qui suivent, l'injection d'une nouvelle dose de chloral, la moyenne des périodes d'excitation latente diminue assez régulièrement, et quelquefois d'une façon très nette, il est des cas où cette moyenne ne change guère. Quant aux périodes mesurées avant une nouvelle injection de chloral, elles sont parfois les mêmes qu'avant l'injection précédente, c'est-à-dire qu'elles sont revenues à leur point de départ ; elles sont parfois moindres (Expérience XVIII), elles sont le plus souvent, vers la fin de l'expérience, plus longues.

En somme, si l'on compare l'excitabilité et la moyenne des périodes d'excitation latente du début et de la fin, il y a souvent tendance à la diminution de la première et à l'augmentation de la seconde. Mais cette marche comporte tant d'exceptions qu'on ne saurait en faire une règle tant soit peu générale.

CHAPITRE V.

Nous nous occuperons, dans ce chapitre, d'examiner les caractères particuliers qu'offrent les tracés dont chaque expérience contient la lecture, et nous essayerons d'établir un certain nombre de catégories distinctes, reposant sur des caractères bien définis.

On nous accordera, je pense, que, durant le temps nécessaire pour recueillir un tracé tel que ceux que nous avons recueillis, temps qui ne dépasse pas de six à dix secondes au plus, il n'y a pas dans l'action du chloral une variabilité assez importante pour qu'elle puisse être prise en considération.

Il n'en existe pas moins une variabilité considérable entre les six ou huit retards inscrits sur chacun des tracés. Si cette variabilité n'est pas due au chloral, il en faut donc chercher ailleurs la raison.

Nous avons été immédiatement tenté de la chercher dans des lois déjà connues, dont nos expériences constituent une confirmation nouvelle. Sans insister plus longuement ici sur les raisons qui nous ont poussé à ce faire, nous préférons indiquer de suite quelles catégories nous établissons parmi les faits indiqués par nos tracés, nous réservant de rattacher chacune d'entre elles, à mesure qu'elle se présentera, aux lois indiquées par la physiologie.

Nous le répétons, il s'agit ici d'examiner les caractères de chaque tracé pris individuellement, sans tenir compte de l'état de l'excitabilite, du degré de la chloralisation ni des relations des différents tracés entre eux, dans une même expérience; questions déjà examinées, ou à examiner plus tard.

La lecture rapide des expériences déjà citées montre qu'il existe quatre catégories nettement définies de tracés En effet : tantôt la période latente demeure identique à elle-même dans tout un même tracé; tantôt sa durée décroît du commencement à la fin; tantôt au contraire elle croît; tantôt enfin, il semble qu'aucune règle n'existe, si ce n'est la variabilité de la période latente dans des limites très étendues. Nous verrons pourtant que dans beaucoup des tracés de cette dernière catégorie, il se révèle des tendances très évidentes qui permettent de les rattacher à l'une des trois premières.

Reprenons maintenant chacune de ces catégories en détail.

1° *Tracés uniformes, à retards égaux*. — C'est la caté-· gorie la plus exceptionnelle, celle dont on rencontre le moins d'exemples. Elle est caractérisée par le fait que la durée de la période latente est la même pour toutes les excitations. Je citerai comme exemples les tracés XIII (C$_1$), présentant un retard uniforme de 8, 5; XIV (C$_{11}$), présentant un retard de 7, 0 ; enfin XX (A1), où la période latente est uniformément de 7, 5 centièmes de seconde. Ces tracés indiquent une sorte de période d'état de l'excitabilité cérébrale, durant laquelle il ne se fait sentir ni fatigue, ni réveil de l'excitabilité.

Je rattacherai à cette même catégorie, un certain nombre de tracés où l'on observe une tendance très manifeste à l'uniformité des retards, mais où, à un moment donné, une sorte de faux pas se produit, qui interrompt la série, tantôt en diminuant le retard, tantôt en l'allongeant. Le tracé XXIII A3 par exemple présente un premier retard de 11, 0 ; puis un de 12, 0, puis quatre de 11, 0 ; enfin le dernier est de 12. Il y a une tendance manifeste à l'uniformité, mais avec deux rechutes (1). Le tracé XX (B1) présente les mêmes particularités ; dans le tracé XVI (F11), il y a quatre retards de 7, 0, séparés en deux groupes, par un retard de 7, 5 ; dans XVI (K1) il y a quatre retards de 9, 0 séparés par un retard de 10, 0.

Cette catégorie de tracés est celle qui a le moins besoin d'être expliquée : il semble qu'elle devrait constituer la normale, répondant comme elle semble le faire, à une sorte de période d'état. Toutefois on l'observe rarement, les

_____

(1) Bubnoff et Heidenhain ont signalé, sinon précisément les faits que nous observons ici, du moins un fait analogue. Ils ont montré que dans un tracé présentant un certain nombre de retards inscrits, il en est de valeur sensiblement égale, séparés par un ou deux retards, ou groupes de retards, de valeur très différente. J'avais d'abord pensé, en constatant l'existence de faits identiques dans mes propres tracés, que ces faits devaient s'expliquer le plus souvent par une certaine variabilité de l'excitabilité, faisant que c'était tantôt le courant de rupture, tantôt le courant de clôture qui opérait. (Je ne parle que des tracés où l'interrupteur fut employé.) Mais Bubnoff et Heidenhain qui ont toujours opéré avec des excitations simples, constatent les mêmes faits. Je ne m'étonne plus de les avoir observés, et tout en attribuant quelques-uns des faits à la cause que j'indique, je pense que tous ne doivent pas être expliqués de même.

tendances à l'accroissement et à la diminution d'excitabilité sont bien plus fréquemment constatées. Nous ne saurions cependant nous en étonner outre mesure, car nous avons déjà vu combien une première excitation avec une intensité reconnue efficace, prépare l'excitabilité par des courants beaucoup moins intenses et dont l'inefficacité a été préalablement constatée: et nous verrons aussi plus loin combien, inversement, les excitations répétées peuvent épuiser l'excitabilité.

Toutefois, on peut constater l'existence d'une *période d'état, durant laquelle les retards demeurent les mêmes, n'étant influencée ni par un état de fatigue, ni par une tendance à l'accroissement de l'excitabilité*, mais, nous le répétons, le cas est rare.

Sauf dans l'expérience XVI, les tracés à retards uniformes, ou à tendance uniforme, s'obtiennent surtout dans le commencement d'une expérience.

Tracés à retards décroissants : augmentation de l'excitabilité. — Les exemples en sont très nombreux (1). Cette catégorie se caractérise par le fait que les retards sont plus considérables au commencement du tracé, et qu'ils vont diminuant de durée du début à la fin, plus ou moins vite. La différence existant entre les retards est plus ou moins prononcée, mais elle existe très nettement. Ainsi le retard diminue, dans l'expérience XVIII (H ı), de 9,5 à 8,0 ; dans l'expérience XVII (L ı), de 8,5, à 7,5; dans l'expérience XVIII (N ıı), de 8.5 à 6,5 ; dans l'expérience XVII (B ı), de 6,5 à 6, dans l'expérience XVII (H ıı), de 7,5 à 6,0 ; dans l'expérience XIV (A ıı), de 9,0 à 6,6; dans l'expérience XXII (Bııı), de 10,0 à 7,0 (1). Bubnoff et Heidenhain n'ont constaté

(1) Voyez encore Exp. XIII (C2) ; XI (DI) XX L1)., p. 118, 130 et 72.

cette diminution du retard que dans certaines circonstances.

A côté de ces tracés où les retards suivent un ordre dé-
croissant, il faut en placer quelques autres, où cet ordre est
interrompu comme dans le cas précédent, par des faux pas,
c'est-à-dire, par un ou deux retards plus longs. Comme
exemple, je citerai le tracé XVII (D 1) où la période latente,
d'abord à 8,0, vient à 7,0, retombe à 7,5, puis remonte à
6,5. Dans ce tracé, et dans plusieurs autres analogues, il
y a tendance évidente à la décroissance des retards, mais
avec des interruptions, des rechutes.

Je citerai encore l'expérience XXXIII qui indique le
même fait.

Dans cette expérience, le cerveau ne réagissant pas à
des excitations isolées, il fut envoyé plusieurs séries de 10
à 15 excitations doubles (de clôture et rupture). Dans un
premier tracé la réaction se produisit :

Lors de la première série, à la 8° excitation.

—	2°	—	—	5°	—
—	3°	—	—	3°	—
—	4°	—	—	2°	—

Dans un second tracé :

Lors de la première série, à la 7° excitation.

| — | 2° | — | — | 5° | — |
| — | 3° | — | — | 4° | — |

Les tracés à retards décroissants se rencontrent à presque
toutes les phases d'une même expérience.

La décroissance de la période d'excitation latente, de
même que l'augmentation de l'excitabilité, qui se traduit

par la possibilité d'obtenir une réaction motrice avec un courant d'intensité progressivement décroissante, se rattachent aisément à des lois bien connues pour les muscles et les nerfs. On sait que les muscles et les nerfs présentent des variations fonctionnelles importantes, selon qu'ils sont fatigués ou au contraire reposés : on sait que la répétition des excitations, lorsqu'elle n'est pas immodérée, augmente l'excitabilité des uns et des autres (1). C'est un fait de ce genre que nous constatons là, relativement au cerveau. Malheureusement il est très difficile de faire la part qui revient au repos du cerveau, et au repos des nerfs et des muscles, dans les phénomènes complexes dont il s'agit ici, et où ces trois éléments sont en jeu.

Nous avons déjà dit que Bubnoff et Heidenhain ont signalé des faits analogues à ceux que nous citons ici : ajoutons que C. Richet les a vus se produire lors des excitations ganglio-musculaires répétées ; une première excitation ayant donné 5,5 de retard, la seconde n'a plus donné que 3,0. Les décroissances observées par les deux auteurs allemands sont citées au chapitre Ier.

III. *Tracés à retards croissants.* — Les tracés de cette catégorie sont plus nombreux encore que ceux de la catégorie précédente. Ils sont caractérisés par l'augmentation plus ou moins uniforme de la durée de la période latente, depuis le début jusqu'à la fin du tracé : c'est donc l'inverse de ce qui se passe dans la catégorie qui précède. Il y a dans ces tracés un symptôme évident de fatigue qui se traduit par la lenteur croissante de la réaction.

(1) On sait qu'inversement l'épuisement des nerfs peut survenir par la simple mise en activité de ses éléments. A plus forte raison doit-il en être de même du cerveau, plus délicat que les nerfs.

Je citerai, comme exemple, les tracés XII (A 1) (expérience non rédigée ici), où le premier retard est de 4,5 ; le second, de 4,7 ; les deux suivants de 5, et le dernier de 5,5. Dans les tracés XII (C 1 et D 1), même tendance. Dans le tracé XVIII (C 1), le premier retard étant de 6,0, les autres sont de 7,0 ; dans le tracé XVIII (I 1), le premier est de 7,0 ; les autres de 7,5 ; les derniers de 8,0.

On trouvera quinze ou vingt exemples de cette augmentation de durée de la période latente, disséminées dans les expériences que j'ai rapportées à divers endroits de ce travail.

A côté d'eux, on peut ranger un nombre presque équivalent de tracés où la tendance à l'augmentation du retard est très nette, mais où l'on observe un ou deux retards sensiblement moins considérables venant interrompre la série des retards croissants.

Les tracés à retards croissants sont l'indice évident d'un état de fatigue.

Cet état de fatigue a été remarqué par C. Richet (1) : Sur une grenouille, il a vu le retard augmenter de 0,15 à 0,6 et de 0,6 à 2,0. On peut, pour plus de détails, se reporter à ses tableaux et expériences. Je ferai remarquer en passant que les différences des retards n'atteignent jamais sur le chien l'importance qu'elles peuvent avoir chez la grenouille.

Tracés à retards irréguliers. — Ceux-ci constituent une catégorie importante dans l'ensemble de nos expériences.

Il convient cependant d'en retrancher quelques-uns où

(1) Voy. Leçons, etc., p. 869, seq.

l'irrégularité est soumise à une certaine régularité. Je veux parler de ceux où une partie par exemple présente des retards décroissants, et l'autre des retards croissants ou inversement. Dans ces cas, nous avons sur un même tracé un exemple des deux catégories précédentes. Laissant de côté ceux-ci et aussi les tracés où se révèle une tendance de nature à les faire entrer dans une des trois premières catégories, nous ne faisons entrer ici que les tracés dont les irrégularités ne semblent soumises à aucune loi. On en trouvera d'assez nombreux exemples dans nos divers relevés d'Expériences. Les uns doivent reconnaître pour cause le fait que chaque contraction résulte d'une excitation double (clôture et rupture) ; dans tel cas, c'est le courant de clôture qui agit, d'où un retard moindre ; dans tel autre, c'est le courant de rupture, d'où un retard plus considérable (le retard est calculé toujours à partir du moment où le courant est rompu). Les autres sont des exemples de ces sortes de faux pas, signalés par Bubnoff et Heidenhain. Quant à distinguer les uns des autres, cela est impossible : je signale les deux faits parce qu'ils sont tous deux possibles.

Bien qu'il soit assez difficile de démêler exactement les causes qui donnent aux différents tracés recueillis pendant une même expérience les caractères qui les font rentrer dans telle ou telle des quatre catégories que nous venons d'indiquer, on peut dire d'une façon générale, que plus l'animal est sous l'influence du chloral (l'excitabilité existant toujours), et plus on a de chances d'obtenir des tracés à marche régulière, quel que soit le sens de cette marche ; au contraire, avec un réveil assez avancé, on obtient plutôt des tracés à marche irrégulière. Il arrive souvent cependant que l'on obtienne des tracés de cette dernière catégorie, peu de temps après une injection de chloral : c'est qu'alors la dose n'a pas été suffisante pour endormir l'animal profondément.

CHAPITRE VI

I. Influence de l'anémie sur l'excitabilité cérébrale. — II. Expériences sur l'influence de la dilacération de la substance blanche sous-corticale. — III. Expériences sur l'excitabilité du cerveau chez les nouveau-nés.

I. — Nous avons vu, en faisant la bibliographie de la question, qu'il existe un certain désaccord au sujet de l'influence de l'anémie sur l'excitabilité cérébrale. M. Vulpian, en injectant de la poudre de lycopode dans les artères cérébrales, a vu se produire d'abord une sorte d'exaltation, puis une disparition totale de l'excitabilité. Plus tard, M. Marcacci a soutenu que l'anémie du cerveau, par réfrigération superficielle, diminue dans quelques cas l'excitabilité, l'augmente dans d'autres, mais en tous cas ne la supprime pas. Nous avons jugé intéressant de répéter les expériences de M. Marcacci qui, du reste, ont été reprises par d'autres expérimentateurs (François Franck, Orchansky, Openchowsky).

Nous avons opéré, en projetant sur la surface cérébrale mise à nu et principalement sur la zone présidant à des mouvements bien délimités, un jet d'éther pulvérisé au moyen d'un pulvérisateur ordinaire. La durée de la pulvérisation a varié de 3 à 10 minutes. Il est bon, au cours de cette opération, d'essuyer de temps à autre la surface cérébrale, afin d'empêcher l'éther liquide de s'accumuler et de couler ensuite sur la nuque ou la face, ou de se répandre sous la dure-mère dans le liquide céphalo-rachidien.

Dans l'Expérience XIII, après avoir pris d'assez nombreux tracés, j'ai refroidi la zone présidant aux mouvements de la patte antérieure droite, pendant cinq minutes.
L'excitabilité existait nettement à 3,5 avant la réfrigération; après, elle n'existait plus à 0. Le cerveau n'est
nullement congelé, il est assez froid au toucher, mais parfaitement mou. Cinq minutes après la fin de la pulvérisation, l'excitabilité revient à 0; trois minutes plus tard, elle
existe à 5. Bien que le réveil de l'animal soit assez avancé,
je pratique une nouvelle éthérisation de 4 h. 40 à 4 h. 48.
Le cerveau est certainement plus froid. Le courant, à 0,
n'agit pas du tout. A 4 h. 56, l'excitabilité semble revenir.
A 5 h. 4 elle est certainement de retour à 0. Le cerveau est
tiède. Je profite de l'excitabilité pour prendre des tracés :
on peut le voir, en lisant l'observation, les retards sont
moindres qu'ils n'ont été au cours de tout le reste de l'expérience. Au lieu des moyennes 8,0 et 9,0, nous avons de 5,0
à 7,0.

Voici, du reste, l'expérience en détail :

EXPÉRIENCE XIII (28 février 1884). — Chien épagneul, petit et jeune.
Poids non noté.

1 h. 15. 3 grammes de chloral.

1 h. 28. Commencement de la mise à nu du cerveau gauche.

1 h. 30. Température rectale : 38°,6.

1 h. 32. 1 gramme de chloral.

1 h. 40. Température rectale : 38°.

1 h. 50. Fin de la mise à nu du cerveau.

L'hémorrhagie a été moyenne, mais non exagérée.

Dispositif. — Deux piles au bichromate de potasse, interrupteur
Trouvé, clef de Dubois-Reymond et signal de Desprez sur le courant
inducteur. Diapason = 100 V. D. par seconde. Chariot de Dubois-Reymond.

Les mouvements inscrits sont les mouvements de flexion de la patte
antérieure droite.

2 heures. Tracé XIII A1. Bobine à 5. Mouvements très nets et vifs,

mais retards non mesurables, le signal Desprez n'ayant pas inscrit son graphique.

2 h. 10. Tracé XIII B1. Bobine à 7. Mouvements très vifs, mais entremêlés de mouvements spontanés; aussi les chiffres des retards sont-ils absolument altérés. Les voici néanmoins :

1re Excitation	26,5 centièmes de seconde.			
2e	—	31,5	—	—
3e	—	22,5	—	—
4e	—	24,5	—	—
5e	—	24,5	—	—

Ces chiffres n'ont aucune valeur.

2 h. 12. Température rectale : 36°,8.

2 h. 25. 50 centigrammes de chloral.

2 h. 45. 50 centigrammes de chloral.

2 h. 47. Tracé XIII C1. Bobine à 4. Mouvements très faibles.

Valeur des retards :

1re Excitation	8,5 centièmes de seconde.				
2e	—	8,5	—	—	
3e	—	8,5	—	—	
4o	—	8,5	—	—	
5e	—	8,5	—	—	Moyenne: 8,5.

2 h. 50. Tracé XIII C2. Bobine à 5.

Valeur des retards :

1re Excitation	10,5 centièmes de seconde.			
2e	—	8,5	—	—

2 h. 50. Température rectale : 36°.

3 heures. Tracé XIII D1. Bobine à 5.

Valeur des retards :

1re Excitation	9,5 centièmes de seconde.			
2e	—	8,5	—	—
3o	—	9,5	—	—
4e	—	7,5	—	—
5e	—	8,5	—	—

3 h. 15. Température rectale : 34°,3.

3 h. 25. 50 centigrammes de chloral.

3 h. 30. Tracé XIII E1. Bobine à 3,5 (excitabilité à 5). Mouvements nets et précis.

Valeur des retards :

1re Excitation	9,5 centièmes de seconde.				
2	—	10,5	—	—	
3e	—	8,5	—	—	
4e	—	9,0	—	—	
5e	—	9,5	—	—	Moyenne : 9,4.

Le sommeil est bien complet.

3 h. 33. Tracé XIII E2. Bobine à 3,5 (excitabilité à 5).
Mouvements nets et amples. Interruption à 1.

Valeur des retards.

1re Excitation 8,5 centièmes de seconde .
2e — 7,5 — —
3e — 8,5 — —
4e — 8,5 — —
5e — 9,5 — —
6o — 6,5 — —
7e — 8,0 — —
8e — 7,0 — — Moyenne : 8,0.

3 h. 47. Tracé XIII F2. Bobine à 3,5. Mouvements nets.

Valeur des retards :

1re Excitation 8,5 centièmes de seconde.
2o — 9,5 — —
3e — 9,0 — —
4e — 10,5 — — Moyenne : 9,3.

4 h. 5. 50 centigrammes de chloral.

De 4 h. 10 à 4 h. 15. je projette de l'éther sur la surface cérébrale, au moyen d'un pulvérisateur.

4 h. 15. Inexcitabilité absolue, même à 0 du chariot (je n'ai pas essayé d'employer le courant à 20 interruptions par seconde). Le cerveau n'est pas du tout congelé. : il est un peu refroidi. L'excitation du cerveau provoque une réaction considérable, mais tout s'agite, sauf la patte antérieure droite.

4 h. 20 L'excitabilité revient.

4 h. 23. Tracé XIII H1. Bobine à 0 (excitabilité à 6). Interrupteur à 1.
Mouvements très nets.

Valeur des retards.

1re Excitation 10,5 centièmes de seconde.
2e — 10,0 — —
3e — 10.0 — —
4e — 9,5 — —
5e — 9,5 — —
6e — 6.5 — —
7e — 8 0 — —
8e — 9,0 — — Moyenne : 9,1.

4 h. 26. Tracé XIII H2. Bobine à 0. Mouvements très nets, Interrupteur à 1.

Valeur des retards :

1re Excitation 9,0 centièmes de seconde.
2e — 10,5 — —
3e — 8,5 — —
4e — 7,0 — —
5e — 8,5 — —
6e — 10,5 — — Moyenne : 9,0.

Le réveil de l'animal commence à s'avancer. Pensant que l'inexcitabilité constatée pendant les cinq minutes qui ont suivi la pulvérisation d'éther, était peut-être due, non au refroidissement, mais à l'action du chloral qui avait été injecté peu de temps auparavant, je recommence à refroidir le cerveau, revenu à sa température normale, au moyen d'une pulvérisation qui dure de 4 h. 40 à 4 h. 48.

Cette fois-ci le cerveau est vraiment froid, mais mou.

4 h. 50. Excitations inutiles, même à 0.

4 h. 52. Même inexcitabilité : mais réaction générale.

4 h. 55. Réaction générale lors des excitations, mais pas de mouvement local. Le réveil est très avancé : gémissements et mouvements.

4 h. 56. Peut-être y a-t-il eu un mouvement de la patte, avec bobine à 0.

5 h. 4. Il y a excitabilité du centre moteur de la patte autérieure droite : celle-ci a nettement réagi.

5 h. 14. Tracé XIII K1.

Valeur des retards :

1re Excitation 5,5 centièmes de seconde.
2e — 5,0 — —
3e — 6,5 — —
4e — 6,0 — — Moyenne : 5,7.

5 h. 26. Tracés XIII L1 et XIII L2. Bobine à 0.

Valeur des retards :

L1 1re Excitation 5,5 centièmes de seconde.
    2e — 6,5 — .
    3e — 7,5 — — Moyenne : 6,5.
L2 1re — 4,5 — —
    2e — 5,5 — — Moyenne : 5,0.

5 h. 35. Tracé XIII M1 et XIII M2. Bobine à 0. Interrupteur à 1.

Valeur des retards :

M1 1re Excitation 5,0 centièmes de seconde.
    2e — 6,5 — —
M2 1re — 5,5 — —
    2e — 6,0 — —
    3e — 6,0 — — Moyenne : 5,8.

L'expérience est terminée par suite de circonstances imprévues.

Cette expérience montre qu'après l'abolition temporaire de l'excitabilité, celle-ci s'est réveillée, plus vive et plus exaltée qu'auparavant. Il est probable que si l'expérience eût pu être continuée, cette excitabilité aurait diminué peu à peu, sans cependant être absolue, à moins que la lésion cérébrale ne fût plus profonde que je ne pense.

Voici une autre expérience sur le même sujet, dont les résultats sont différents. On voit que le refroidissement provoque ici l'abolition totale de l'excitabilité, bien que le cerveau ne soit nullement congelé à la superficie.

EXPÉRIENCE XIV (31 janvier 1884). Chienne à poils ras, pesant environ 11 kilogrammes.

1 h. 30. Injection de 3 gr. de chloral.

1 h. 35. Commencement de la mise à nu du cerveau gauche. Pas d'hémorrhagie. Opération achevée à 1 h. 50.

Dispositif. Deux piles au bichromate de potasse.

Signal Desprez, interrupteur Trouvé et clef de Dubois-Reymond sur le courant inducteur. Diapason = 100 V. D. par seconde. Chariot de Dubois-Reymond.

Les tracés sont ceux de la patte antérieure droite.

1 h. 53. Injection de 33 centigr. de chloral.

2 h. Excitabilité minima (nécessaire pour provoquer des mouvements) à 5 cent.

2 h. 7. Excitabilité à 5 toujours. Tracé XIV A2. Bobine à 4, interrupteur à 1.

Valeur des retards :

1^r Excitation	9,0 centièmes de seconde.			
2^e	—	8,5	—	—
3^e	—	8,5	—	—
4^e	—	8,0	—	—
5^e	—	6,5	—	—
6^e	—	6,5	—	— Moyenne : 7,8.

Pendant que ce tracé était inscrit, la patte postérieure droite était excitée comme la patte antérieure, mais plus faiblement.

2 h. 10. Tracé XIV, B1. Bobine à 4.

Valeur des retards :

1re Excitation	8,5 centièmes de seconde.			
2^e	—	8,5	—	—
3^e	—	7,5	—	—
4.	—	8,5	—	— Moyenne : 8,2.

2 h. 13. Excitabilité minima à 5,5.

2 h. 23. Tracé XIV C2. Bobine à 5.

　　　　Valeur des retards :

　　　1re Excitation 7,0 centièmes de seconde.

2^e	—	7,0	—	—	
3^e	—	7,0	—	—	
4^e	—	7,0	—	—	Moyenne : 7,0,
5^e	—	7,0	—	—	

2 h. 30. 1 gr. 50 de chloral.

2 h. 40. 50 centigr. de chloral.

2 h. 43. Je commence à refroidir la portion mise à découvert du cerveau gauche, en projetant sur elle le jet d'un pulvérisateur rempli d'éther. Je cesse à 2 h. 55, c'est-à-dire après *huit* minutes de refroidissement ininterrompu.

2 h. 56. J'essaye en vain d'obtenir un mouvement, même la bobine étant à 0.

3 h. 20. Même tentative, même insuccès.

Pensant que l'absence d'excitabilité est peut-être due au chloral, je recommence la pulvérisation d'éther pour refroidir le cerveau redevenu tiède. Cette pulvérisation dure de 3 h. 20 à 3 h. 31, soit *onze* minutes.

3 h. 38. Excitations à 0, inutiles ; le sommeil reste profond.

3 h. 50. Le réveil est presque complet, mais les excitations du cerveau, tout en donnant naissance à une réaction générale, ne provoquent aucun mouvement de la patte antérieure droite dont le centre cortical est toujours exclusivement excité. L'expérience est terminée à 4 heures sans avoir donné d'autres résultats.

Dans l'expérience XV et l'expérience XXVIII (1) j'ai encore étudié en passant l'influence de la réfrigération, en la pratiquant pendant un temps assez court (2 minutes 1/2, 3 minutes, 5 minutes). Dans ces conditions, l'excitabilité persiste parfois, ou bien disparaît pendant quelques minutes, mais ne disparaît pas absolument, elle finit toujours par revenir. Il faut dire du reste que je n'ai pas la prétention d'avoir *congelé* le cerveau ; les troubles sont très faibles et très passagers, ainsi que l'indique la rapidité avec

1) Voy. p. 103.

laquelle la chaleur revient. La circulation n'est certainement pas interrompue dans la pie-mère, comme elle le devrait être s'il y avait congélation.

Voici enfin une dernière expérience où l'étude de l'influence de la réfrigération a été faite comparativement sur deux centres :

EXPÉRIENCE XXIV (1er mars 1884). Griffon jeune, de 6 à 7 kilogr., très vif et intelligent.

1 h. 47 - 1 h. 52. 2 gr. 40 de chloral.

Mise à nu du cerveau gauche commencée à 1 h. 50, achevée à 3 h. 10. Hémorrhagie assez abondante.

Dispositif. 2 piles Gaiffe. Interrupteur Trouvé. Signal Desprez. D = 100 V. D. Chariot de Dubois-Reymond.

2 h. 10. 25 centigr. de chloral.

2 h. 22. Excitabilité à 2, pouvant être conduite à 6.

2 h. 25. Tracé XXIV A1. Bobine à 0. Mouvements nets.

Valeur des retards :

1re Excitation 7,0 centièmes de seconde.

2e	—	6,0	—	—
3e	—	6,0	—	—
4e	—	6,0	—	—
5e	—	6,0	—	—
6e	—	6,5	—	— Moyenne : 6,2.

2 h. 29. Excitabilité à 5. Conduite à 8.

2 h. 38. Tracé XXIV A2. Bobine à 5. Mouvements nets.

Valeur des retards :

1re Excitation 5,5 centièmes de seconde.

2e	—	6,5	—	—
3e	—	6,7	—	—
4e	—	6,2	—	—
5e	—	6,0	—	—
6e	—	5,5	—	— Moyenne 6,0.

2 h. 30. Excitabilité à 6. Conduite à 8.

2 h. 38. Réveil avancé ; 50 centigr. de chloral.

2 h. 38 1/2. Excitabilité à 6.

2 h. 40. Excitabilité à 6 encore, mais faiblement.

2 h. 43. Excitabilité à 5.

2 h. 45. Excitabilité à 6.

2 h. 50. Excitabilité à 5. Conduite à 7.

2 h. 54. Tracé XXIV B1. Bobine à 6. Mouvements nets.

        Valeur des retards :

    1er Excitation 7,0 centièmes de seconde.

       2e — 5,5 — —

       3 — 5,7 — —

       4e — 6,5 — —

       5e — 5,7 — —

       6e — 5.7 — —   Moyenne : 6,0.

2 h. 59. *Excitabilité à 3.*

3 h. 1. Excitabilité à 7.

3 h. 2. Tracé XXIV B2. Bobine à 5. Interrupteur à 1. Mouvements nets.

        Valeur des retards :

    1er Excitation 6,5 centièmes de seconde.

       2e — 7,0 — —

       3e — 7,2 — —

       4e — 5,5 — —

       5e — 7,0 — —

       6e — 6,5 — —   Moyenne : 6,6.

3 h. 14. Réveil ; 50 centigrammes de chloral.

3 h. 18. Excitabilité à 4,5.

3 h. 20. Tracé XXIV C1. Bobine à 0. Mouvements assez forts.

        Valeur des retards :

    1re Excitation 7,0 centièmes de seconde.

       2e — 6,5 — —

       3e — 6,2 — —

       4e — 5,7 — —

       5e — 5,5 —   Moyenne : 6,1.

3 h. 25. Excitabilité très irrégulière, même à 0 ; le plus souvent les excitations sont sans effet.

3 h. 31. Même état.

3 h. 40. Tracé XIV C2. Bobine à 0, interruption à 1. Mouvements nets, entremêlés de quelques mouvements spontanés.

        Valeur des retards :

    1re Excitation 6,0 centièmes de seconde.

       2e — 6,2 — —

       3 — 7,5 — —

       4e — 6,2 — —   Moyenne : 6,4.

3 h. 51. Excitabilité à 7.

3 h. 54. 50 centigrammes de chloral.

3 h. 58. Excitabilité très faible à 0.

4 heures. Inexcitabilité absolue à 0.

4 h. 15. L'inexcitabilité persiste.

4 h. 22. Même état. Cependant avec vingt interruptions par seconde l'excitabilité existe à 7, alors qu'il n'y en a pas trace à 0 avec une interruption par seconde.

De 4 h. 30 à 4 h. 33, pulvérisation d'éther sur la surface cérébrale.

4 h. 33 1/2. L'excitation à 0 avec 20 interruptions ne donne aucun résultat, aucun mouvement.

Pourtant, en excitant le centre de la patte postérieure, qui a eu une bonne part dans la pulvérisation d'éther, quoique moindre que celle du centre de la patte antérieure, on obtient des mouvements. J'éthérise encore un peu la surface cérébrale : ces mouvements disparaissent aussi, sans que ceux de la patte antérieure reviennent.

4 h. 45. Excitabilité du centre de la patte postérieure à 2, avec 20 interruptions par seconde. Rien avec *une* interruption par seconde, même à 0. Pour la patte antérieure, rien, à 0, avec *une*, ou avec *vingt* interruptions.

4 h. 48. Excitabilité de la patte antérieure, à 0, avec 20 interruptions.

4 h. 51. L'excitabilité de la patte postérieure a fait de grands progrès : à 9 avec 20 interruptions, on obtient des mouvements nets.

4 h. 53. Excitabilité de la patte antérieure à 7 (le nombre des interruptions n'est malheureusement pas noté, mais il doit s'agir de vingt interruptions).

4 h. 54. Excitabilité nulle à 0, avec une interruption, pour l'un et l'autre centres.

5 h. 4. Même état.

L'expérience est cessée à 5 h. 15.

II. Nous avons également répété les expériences de Putnam et Braun sur la dilacération de la substance blanche sous-jacente à l'écorce cérébrale. Cette dilacération a été pratiquée au moyen d'une aiguille tranchante, courbée à angle droit sur elle-même, elle a toujours été faite aussi près que possible de la surface cérébrale et aussi complètement que faire se peut. Dans une première expérience (exp. IV, non rédigée ici) il y a eu abolition de réaction motrice après la dilacération ; l'excitation provoquait des mouvements généralisés, des frémissements, mais rien dans la patte dont le centre venait d'être isolé de ses relations naturelles. Dans l'expérience V, il en a été de même. Dans les expériences XII (non rédigée), XVI, XVII, XVIII, XXII et XXIII, nous avons constamment obtenu le même résultat : inexcitabilité absolue par le courant qui agissait avant l'opération, quelquefois excitabilité temporaire par un courant plus fort, mais cette excitabilité n'était jamais durable, si avancé que fût le réveil, elle ne tardait pas à disparaître définitivement. En voici, entre autres, un exemple.

EXPÉRIENCE XVII. — Chien bull, adulte, en bon état, assez gras, pas très grand.

2 h. 3. Injection de 2 grammes de chloral.

Mise à nu du cerveau gauche commencée à 2 h. 6 ; achevée à 2 h. 23. Hémorrhagie très peu considérable.

Dispositif. — Deux piles au bichromate de potasse.

Signal Desprez et interrupteur Trouvé sur le trajet du courant inducteur. Bobine Du Bois Reymond.

Diapason = 100 V. D. par seconde. Les mouvements inscrits sont ceux de la patte antérieure droite.

2 h. 28. Premières excitations. Excitabilité à 7,5 de la bobine.

2 h. 30. Tracé XVII A1. Bobine à 6,5, interruption à 1.

Valeur des retards :

1re Excitation 12,5 centièmes de seconde.			
2e	—	10,5	—	—
3e	—	11,0	—	—
4e	—	8,5	—	—
5e	—	11,5	—	—
6e	—	8,5	—	—
7e	—	10,0	—	—
8e	—	11,5	—	—
9e	—	9,5	—	— Moyenne : 10,4.

2 . 31. Tracé XVII A2. Bobine à 6,5 ; interruption à 1.

Valeur des retards :

1re Excitation 13,0 centièmes de seconde.			
2e	—	15,5	—	—
3e	—	12,0	—	—
4e	—	9,5	—	—
5e	—	11,5	—	—
6e	—	8,5	—	— Moyenne : 11,6.

2 h. 35. L'excitabilité est à 9.

Crosnier de Varigny.   9

2 h. 36. Tracé XVII B1. Bobine à 8.

Valeur des retards :

1re Excitation 6,5 centièmes de seconde.

2e	—	6,5	— —
3e	—	6,0	— —
4e	—	6,0	— —
5e	—	6,0	— — Moyenne : 6,2.

2 h. 41. Le réveil est assez avancé, et l'animal commence à gémir et à s'agiter. Tracé XVII B2. Bobine à 8,5. Le mouvement inscrit cette fois est celui de la patte postérieure droite, aussi le retard est-il considérablement plus grand que pour la patte antérieure. En effet, les valeurs du retard sont :

Pour la 5e Excitation 14,0 centièmes de seconde.

— 6e — 13,0 — —

Les quatre premiers retards ne sont pas mesurables, le cylindre ayant tourné très lentement et le tracé du diapason étant illisible par suite du rapprochement des lignes ascendantes et descendantes.

2 h. 48. Injection de 50 centigrammes de chloral, le réveil étant très avancé.

2 h. 51. Excitabilité à partir de 8.

2 h. 53. Tracé XVII C1. Bobine à 6,5. Int. à 1. Ce tracé et les suivants sont pris sur la patte antérieure, comme ceux qui ont précédé le tracé XVII B2.

Valeur des retards du tracé XVII C1 :

1re Excitation 7,0 centièmes de seconde.

2e	—	9,5	— —
3e	—	7,5	— — Moyenne : 8,0.

(Je passe sur les résultats du tracé XVII C2 ; les mouvements ont été si faibles qu'ils sont à peine inscrits et presque impossibles à mesurer).

3 h. 8. L'excitabilité existe à partir de 11 du chariot.

Le réveil est de nouveau trop avancé : Injection de 50 centigr. de chloral.

3 h. 10. Excitabilité à partir de 6,5 du chariot.

3 h. 12. Tracé XVII D1. Bobine à 6,5. Int. à 1. Les mouvements sont très nets, et assez vigoureux.

Valeur des retards :

1re Excitation 8,0 centièmes de seconde.

2e	—	7,0	— —
3e	—	7,5	— —
4e	—	6,5	— —
5e	—	6,5	— — Moyenne : 7,1.

3 h. 15. Même excitabilité. Tracé XVII. D2. Bobine à Int. à 1. Mouvements nets et vigoureux.

Valeur des retards :

1re Excitation 5,5 centièmes de seconde.

2e	—	7,0	—
3c	—	7,5	—
4e	—	8,5	—
5e	—	7,5	—
6e	—	8,0	—
7e	—	8,0	—
8e	—	8,0	—

Moyenne : 7,5.

3 h. 24. Excitabilité à 11 du chariot.

Réveil presque complet : mouvements spasmodiques, respiration également spasmodique.

3 h. 28. Excitabilité à 11 encore. Injection de 1 gr. de chloral.

3 h. 30. Excitabilité encore à 11.

3 h. 34. Excitabilité à 7.

3 h. 35. Tracé XVII E1. Bobine à 6. Int. à 1. Mouvements *très faibles*.

Valeur des retards :

1re Excitation 8,5 centièmes de seconde.

2e	—	8,5	—
3e	—	7,5	—
4e	—	7,5	—
5e	—	6,5	—
6e	—	6,5	—

Moyenne : 7,5.

3 h. 36. Tracé XVII E2. Bobine à 6. Mouvements *nets et forts*.

Valeur des retards :

1re Excitation 7,0 centièmes de seconde.

2e	—	7,5	—
3e	—	7,0	—
4e	—	8,5	—
5e	—	7,0	—
6e	—	7,5	—
7e	—	8,5	—
8e	—	7,0	—
9e	—	8,5	—

Moyenne : 7,6.

3 h. 40. *Excitabilité à 7.*

3 h. 42. Tracé XVII F1 et XVII F2. Illisibles à cause des mouvements spontanés de l'animal :

3 h. 45. Excitabilité à 11 du chariot.

3 h. 53. Même excitabilité.

} 3 h. 54. Réveil très avancé : Injection de 50 centig. de chloral.

3 h. 56. Excitabilité à 6,5 du chariot.

4 h. Excitabilité à 4 du chariot.

4 h. 1. Tracé XVII H1. Bobine à 4. Mouvements très vigoureux.

Valeur des retards :

1er Excitation 7,5 centièmes de seconde.			
2e —	6,5	—	—
3e —	7,5	—	—
4e —	7,0	—	—
5e —	7,5	—	—
6e —	6,5	—	—
7e —	6,5	—	—
8e —	6,5	—	—
9e —	6,5	—	— Moyenne : 6,9

4 h. 8. Excitabilité à 8,5 du chariot.

4 h. 9. Tracé XVII H2. Bobine à 7. Mouvements très nets et vigoureux.

Valeur des retards :

1re Excitation 7,5 centièmes de seconde.			
2e —	6,0	—	—
3e —	6,0	—	—
4e —	6,0	—	—
5e —	6.0	—	— Moyenne : 6,30.

4 h. 18. Réveil avancé : Injection de 50 centigrammes de chloral.

4 h. 23. Tracé XVII I1. Bobine à 5. Mouvements très nets et vigoureux.

Valeur des retards :

1re Excitation 7,0 centièmes de seconde.			
2 —	7,0	—	—
3e —	6,0	—	—
4e —	6,5	—	—
5e —	6,5	—	—
6e —	7,0	—	—
7e —	6,5	—	—
8e —	6,5	—	—
9e —	7,0	—	—
10e —	6,0	—	—
11e —	6,0	—	— Moyenne : 6,54.

4 h. 24. Tracé XVII 12. Bobine à 5. Mouvements nets et vigoureux.
Valeur des retards :

1re Excitation 7,5 centièmes de seconde.

2^e	—	6,5	—	—
3^e	—	5,5	—	—
4^e	—	7,0	—	—
5^e	—	6,5	—	—
6^e	—	7,0	—	—
7^e	—	6,5	—	—
8^e	—	6,5	—	—
9^e	—	6,5	—	— Moyenne : 6,6.

4 h. 25. Je pratique la dilacération de la substance blanche sous-jacente au centre cortical.

4 h. 27. Excitation du centre (bobine à 0). J'obtiens quelques mouvements. Je dispose un cylindre sur le régulateur pour obtenir un tracé, mais une fois prêt, à 4 h. 30, aucun mouvement ne se produit plus.

4 h. 35. Rien non plus.

4 h. 45. Même inexcitabilité.

5 heures. Rien toujours. J'achève l'animal qui est en partie réveillé.

III. Pour ce qui est de l'excitabilité du cerveau des nouveau-nés, niée par Soltmann et Tarchanoff, affirmée par Marcacci, nous avons fait deux expériences, dont le résultat a été négatif. Nous opérions sur des chiens de un à deux jours, chloralisés pour la mise à nu du cerveau : ni pendant le sommeil, ni après le réveil, nous n'avons observé de mouvements provoqués par l'excitation cérébrale.

CONCLUSIONS

I. Influence du chloral sur l'excitabilité cérébrale.

A. Le chloral agit sur l'excitabilité cérébrale tantôt en l'abolissant temporairement, tantôt en la diminuant plus ou moins, de telle sorte qu'il faut, pour obtenir la réaction motrice :

Ou bien augmenter l'intensité du courant et le nombre des excitations ;

Ou bien augmenter le nombre des excitations sans rien changer à l'intensité du courant ;

Ou bien simplement augmenter l'intensité du courant, sans rien changer au nombre des excitations.

B. Le chloral agit sur la période d'excitation latente cérébrale, en accroissant sa durée, dans des limites plus ou moins étendues, selon la dose et selon l'état d'anesthésie préalable de l'animal.

II. L'accroissement d'intensité du courant employé détermine une diminution de la période latente d'excitabilité cérébrale.

III. Lorsqu'on a excité pendant quelque temps le cerveau avec le courant minimum nécessaire, pour obtenir une réaction, on peut, en diminuant graduellement l'intensité du courant, faire réagir le cerveau à des courants primitivement sans action sur lui.

IV. Un courant qui n'agit pas, lorsque les excitations sont isolées, agit quand elles sont rapprochées (*addition latente* de C. Richet).

V. Si l'on considère les tracés graphiques de chaque expérience, *pris individuellement*, on voit qu'ils rentrent tous dans l'une des quatre catégories suivantes :

A. Tracés uniformes : retards égaux ;

B. Tracés de fatigue : retards croissants ;

C. Tracés de réveil d'excitabilité : retards décroissants ;

D. Tracés irréguliers comprenant :

> *a*. Les tracés présentant une tendance marquée qui permet de les ranger dans l'une des catégories précédentes.

> *b*. Les tracés complètement irréguliers, sans tendance apparente.

VI. La réfrigération de l'écorce cérébrale supprime l'excitabilité, ou la diminue beaucoup quand elle a été pratiquée pendant quelque temps, sans cependant amener le moins du monde la congélation ; dans une expérience, après une période d'inexcitabilité absolue, est survenue une période d'hyperexcitabilité, caractérisée par une diminution notable des retards.

VII. La dilacération de la substance blanche sous-jacente à une région motrice supprime les réactions qui se produisaient, lorsqu'on excite, même avec un courant plus fort, la région en question.

VIII. Le cerveau des nouveau-nés (chiens) a été trouvé inexcitable dans les deux seules expériences qui ont été faites à ce sujet.

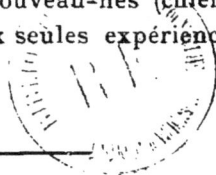

APPENDICE.

Nous citerons ici, d'abord deux expériences montrant la différence de la période d'excitation latente quand on excite les centres des deux membres d'un même côté (Expériences XXVI et XXVII).

Puis l'Expérience XI, intéressante en ce qu'elle montre une tendance manifeste à l'accroissement de durée de la période latente.

EXPÉRIENCE XXVI (5 mars 1884). — Chien terrier jeune pesant environ 9 kilogrammes, très vif et en bon état.

3 h. 10-12. 2 grammes de chloral en quatre fois.

3 h. 14. Début de la mise à nu du cerveau gauche.

3 h. 20. 50 centigrammes de chloral.

3 h. 22. Fin de l'opération.

Hémorrhagie très faible.

Dispositif. — Deux piles au bichromate, le reste du dispositif comme de coutume. (D = 100 V. D.)

3 h. 30. Excitabilité à 1.

3 h. 33. Tracé 26A. Bobine à 0. Mouvements très nets et forts.

Valeur des retards en centièmes de seconde.

		Membre antérieur.	Membre postérieur.
1re	Excitation	5,2	11,0
2e	—	6,2	12,0
3e	—	6,0	11,5
4e	—	6,2	11,0
5e	—	6,0	11,2

Le reste de l'expérience a été consacré à d'autres recherches.

EXPÉRIENCE XXVII (7 mars 1884). Chien bâtard, poils ras, très jeune, pesant environ 6 kilogrammes.

2 h. 5. 2 grammes de chloral.

2 heures 10. Commencement de la mise à nu du cerveau gauche.

2 h. 27. 50 centigrammes de chloral.

2 h. 28. Fin de l'opération.

Hémorrhagie assez abondante.

Dispositif. — Deux piles Gaiffe. Signal Desprez et interrupteur Trouvé, sur le courant inducteur. D = 100 V. D. par seconde. Les mouvements inscrits sont ceux des deux membres du côté droit ; mouvement d'adduction et de flexion pour le membre antérieur ; mouvement d'extension sur le corps du membre postérieur.

2 h. 37. Premières excitations. Rien, la bobine étant à 0, et le Trouvé à 1 interruption par seconde: Rien non plus à 0, avec 20 interruptions.

2 h. 45. Quelques mouvements de la patte postérieure avec 20 interruptions.

3 h. Rien, avec une interruption.

3 h. 5. 25 centigrammes de chloral.

3 h. 12. Rien à 0, avec une interruption.

3 h. 21. Rien à 0 avec une interruption. Avec 20 interruptions il y a des mouvements de la patte antérieure dont j'excite le centre-moteur.

3 h. 34. Tracés XXVII. A1 et A2. Illisibles ; mais l'excitabilité des deux centres existe : il suffit de poser une électrode sur chacun d'eux.

3 h. 38. Tracé XXVII. B1. Bobine à 0. Interrupteurs à 1.

Valeur des retards (membre antérieur seul) :

1re Excitation 6,0 centièmes de seconde.

2e	—	6,5	⌣ ⌢
3e	—	5,0	— ⌣
4e	—	7,0	— —
5e	—	7,0	— — Moyenne : 6,3.

3 h. 40. 50 centigrammes de chloral.

3 h. 43. Inexcitabilité à 0 avec 1 interruption ; excitabilité à 0 avec 20 interruptions.

3 h. 50. Rien à 0 avec une interruption.

4 h. Même chose.

4 h. 10. Même chose.

4 h. 20. Toujours le même état.

4 h. 31. Excitabilité à 0 avec 1 interruption.

4 h. 32. Tracé XXVII. B2. Bobine à 0. Les mouvements inscrits sont ceux des deux membres. Interrupteur à 1.

Valeur des retards en centièmes de seconde :

		Membre antérieur.	Membre postérieur.
1re Excitation		7,5	9,0
2e	—	7,0	10,5
3e	—	6,5	9,0

4 h. 35. Excitabilité à 3 (avec une interruption) pouvant être conduite jusqu'à 8.

4 h. 37. Tracé XXVII. C1. Bobine à 0. **Mouvements faibles.**

Valeur des retards en centièmes de seconde :

	Membre antérieur.	Membre postérieur.
1re Excitation	5,0	7,0
2e —	5,0	7,0
3e —	6,2	8,0
4e —	5,2	7,5

4. h. 47. Tracé XXVII. C2. Mouvements plus forts; Bobine à 0. Interrupteur à 1.

Valeur des retards en centièmes de seconde :

	Membre antérieur.	Membre postérieur.
1re Excitation	4,7	9,0
2e —	6,0	8,0
3e —	8,0	10,0
4e —	6,0	10,0
5e —	9,0	10,0

4 h. 58. Tracé XXVII. D1. Bobine à 0. Mouvements assez faibles.

Valeur des retards :

	Membre antérieur.	Membre postérieur.
1re Excitation	7,0	9,0
2e —	5,5	8,0

L'expérience continue pendant un quart d'heure encore, pour d'autres recherches et est alors interrompue.

EXPÉRIENCE XI (22 janvier 1884). — Chien de grande taille (poids non noté, poil ras, jeune, très vigoureux.)

2 h. 40. 3 grammes chloral.

2 h. 42. 1 gramme.

2 h. 47. 1 gramme.

Mise à nu du cerveau gauche commencée à 2 h. 45, achevée à 3 h. 5. Peu d'hémorrhagie.

Les mouvements inscrits sont ceux de la patte antérieure droite.

3 h. 27. Tracé XI A1. Bobine à 0. Mouvement très faible.

Valeur des retards :

1re Excitation	7,5 centièmes de seconde.	
2e —	9,5 —	—
3e —	10,0 —	—

Puis de 3 h. 27 à 4 h. 25, une série de tracés inutilisables pour diverses raisons. Dans l'intervalle, injection de 1 gr. 50 de chloral.

4 h. 27. Tracé XI D1. Mouvements très faibles. Bobine à 0.

      Valeur des retards :

    1re Excitation 8,5 centièmes de seconde.

2^e	—	8,0	—	—
3^e	—	7,0	—	—

4 h. 27. Tracé XI D2. Bobine à 0. Mouvements assez forts.

      Valeur des retards :

    1re Excitation 6,5 centièmes de seconde.

2^e	—	6,5	—	—
3^e	—	8,0	—	—
4^e	—	8,0	—	—

4 h. 35. 50 centigr. chloral.

4 h. 45. Tracé XI E2. Bobine à 0. Mouvements assez nets.

      · Valeur des retards :

    1re Excitation 7,0 centièmes de seconde.

2^e	—	8,5	—	—
3^e	—	8,5	—	—

TABLE DES MATIÈRES

Paris. — A. PARENT, imp. de la Faculté de médecine, A. DAVY, successeur, 52, rue Madame, et rue Monsieur-le-Prince, 14.

www.ingramcontent.com/pod-product-compliance
Lightning Source LLC
Chambersburg PA
CBHW071902200326
41519CB00016B/4486